宝石设计加工
与鉴定系列

Jewelry Design

珠宝首饰设计概论

吴绒 主编 孙剑明 陈化飞 副主编

化学工业出版社
·北京·

《珠宝首饰设计概论》一书从最基础的珠宝首饰起源与发展、珠宝首饰设计概念开始，到设计过程、设计材料、设计方法、设计工艺，再到品牌珠宝设计，共分七个章节，由浅入深地展开讲解，并列举了大量成功案例，还整合了行业中顶级的品牌珠宝作品以及成功案例。

本书主要为珠宝首饰设计相关专业学生和从业爱好者入门而编写，希望初学者通过阅读本书不断练习，达到一个珠宝设计师的基本要求，早日成为职业珠宝设计师。

图书在版编目（CIP）数据

珠宝首饰设计概论/吴绒主编. —北京：化学工业出版社，2017.9 （2019.10重印）
（宝石设计加工与鉴定系列）
ISBN 978-7-122-30115-4

Ⅰ.①珠… Ⅱ.①吴… Ⅲ.①宝石-设计②首饰-设计 Ⅳ.①TS934.3

中国版本图书馆CIP数据核字（2017）第156184号

责任编辑：陈 蕾　　装帧设计：尹琳琳
责任校对：边 涛

出版发行：化学工业出版社（北京市东城区青年湖南街13号 邮政编码100011）
印 刷：三河市延风印装有限公司
装 订：三河市宇新装订厂
710mm×1000mm 1/16 印张13¼ 字数238千字 2019年10月北京第1版第3次印刷

购书咨询：010-64518888　　售后服务：010-64518899
网 址：http://www.cip.com.cn
凡购买本书，如有缺损质量问题，本社销售中心负责调换。

定 价：55.00元

前言

珠宝首饰设计是一门集艺术美学、生产工艺、人体工程学和商业设计等在内的综合性学科。随着珠宝首饰佩戴的普遍化和人们审美水平的日益提高，人们对珠宝首饰设计也越来越重视。珠宝首饰设计不仅包含了设计师个人的审美与表达，同时还要针对不同首饰结合不同佩戴者进行全面考虑。设计师的设计风格是通过设计者的认识将一个民族、一个时代、一个流派的艺术特点表现在首饰上，代表了不同的个性、修养，适用于不同的场合。

中国的珠宝首饰设计师前景非常广阔，因其具有其他国家无法拥有的优势：一是广阔的市场，二是强大的消费潜力。珠宝首饰设计师是一群富有活力与朝气的团体，现在要形成一种新生力量，把珠宝首饰设计从辅助营销工作变为品牌的核心工作，以原创设计推动中国珠宝首饰行业的进步，珠宝首饰设计师才会有更广阔的发展空间。

本书从最基础的珠宝首饰设计起源与发展、珠宝首饰设计概念开始，到设计过程、设计材料、设计方法、设计工艺，再到品牌珠宝设计，共分七个章节，由浅入深地展开讲解，并列举了大量成功案例，还整合了行业中顶级的品牌珠宝作品以及成功案例。具体来说，本书具备三维特征：理论性、实践性和相关性。

理论性：包含珠宝首饰设计的理论概念、起源与发展、设计过程、设计材料，提供解决实际问题的概念指导。

实践性：涵盖珠宝首饰设计的基本方法、手绘设计工艺，并展现了学生手绘作品。

相关性：文字与大量相关图片配套，并引入大量品牌珠宝首饰的实战案例供读者学习参考。

本书由吴绒主编，孙剑明、陈化飞副主编，编写任务具体分工如下：第一章、

第三章、第四章、第七章由吴绒编写，第二章由孙剑明编写，第五章由陈化飞编写，第六章由牟维哲编写。此外，感谢硕士研究生谢爽、吕爽提供的前期资料查阅、文献整理和后期校稿工作；感谢2014级质量管理工程专业（珠宝鉴定与营销方向）本科学生提供的部分手绘作品。编者在编写本书的过程中，参考了大量相关文献，在此对其作者一并表示感谢。

本书为珠宝首饰设计相关专业学生和从业爱好者入门而编写，希望初学者通过阅读本书不断练习，达到一个珠宝设计师的基本要求，为将来成为职业珠宝设计师贡献我们的一点绵薄之力！

由于水平所限，书中不妥之处敬请广大专家和读者批评指正。

编者

目录

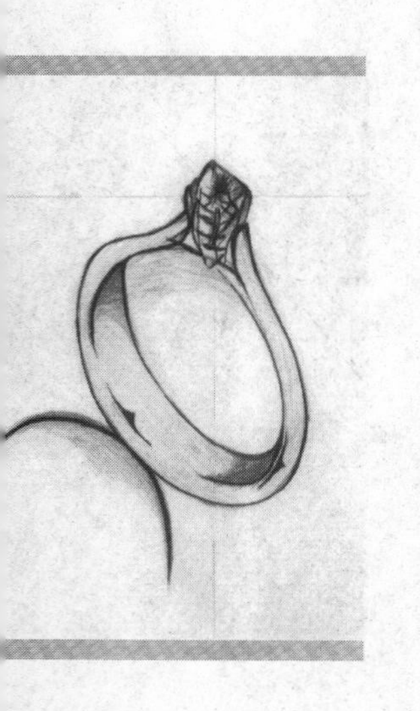

第六章　珠宝首饰手绘设计工艺　/ 139

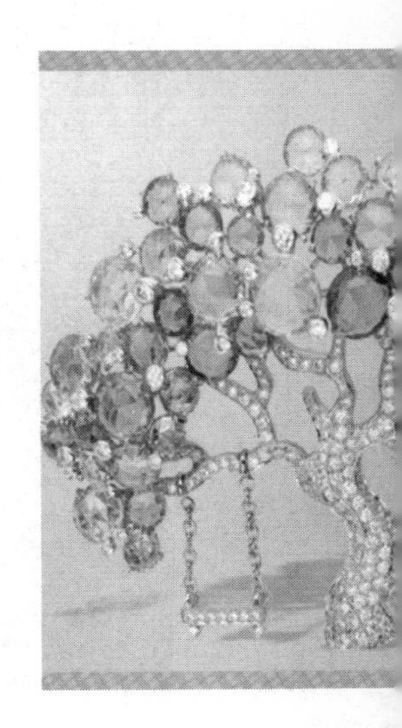

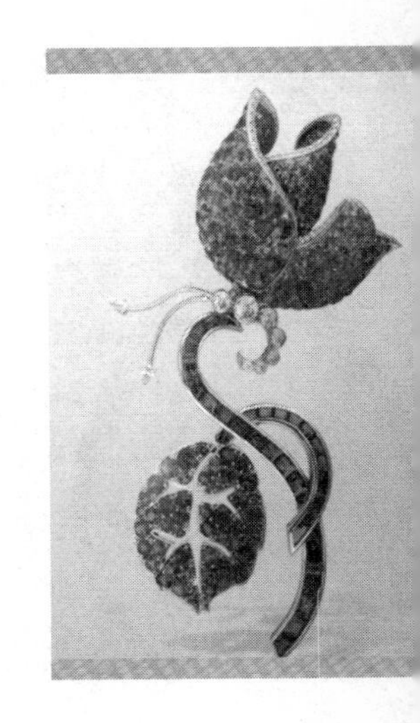

RÊVE
Van Cleef & Arpels

第一章

珠宝首饰的起源与发展

第一节　原始首饰的起源

尽管考古学不断地发展，许多珍贵的古代首饰被挖掘出来，然而，首饰源于何时，如何产生，至今还无人知晓。要寻踪中国首饰的源头，只有依据我们现今已经掌握的资料，那就是远古神话和可以标识文明史的手制品，还有稍后一些时候的文字以及一些原始首饰的遗存。对首饰起源的探讨，是探求首饰功能作用的形成、发展及首饰材料、工艺演变过程的一个基础和前提，它对引导首饰消费及指导首饰加工设计趋势也具有一定的理论意义。

一、原始首饰起源

众所周知，能够有意识地制造和使用工具从事有目的的劳动是人与动物的区别，当这种区别形成时，设计就在它“熔铸”第一件工具的创造之中萌芽。首饰设计是人类文明发展到一定阶段的产物，它是为人造美饰的实践活动。从旧石器时代早期，人类用树叶、鸟羽为衣为饰，就带有首饰设计的初级美学思想和实用性基础。这些用作饰美的羽毛以及树叶等，并非是随手取之，而是有很强的选择性。

远在石器时代，原始人类就能够有意识地制造和使用工具，开始打制石质工具，并以树叶、鸟羽、兽皮以及贝壳和兽骨等容易采集的材料来裹体饰身。例如，旧石器晚期山顶洞人的钻孔小石珠、穿孔的兽牙、刻沟的骨管和钻孔的海蚶壳等，有明显加工印迹的装饰物零件，大部分装饰品带有用赤铁矿染过的红色。如图1-1所示，可以视为中国古代较早的用于人体装饰的原始饰物的珍贵历史资料。远古时代人类饰品的这些特征表明了古人类对形体的光滑规整、对色彩鲜明突出的爱好运用。工具制造中需要的形式感，通过装饰品的加工得到了进一步的体现和发展。从饰物的材料、形式以及组合方式来观察，这个时期的主要特征是使用低硬度的用料、接近材料原形的简单加工形式以及相同形状重复组合，代表了原始首饰的开端。

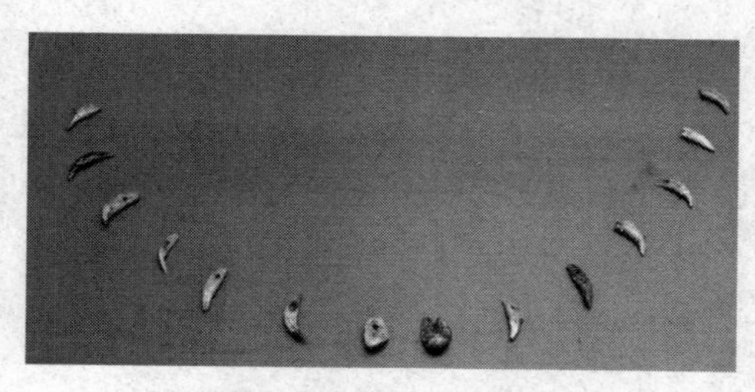

图1-1　旧石器晚期山顶洞人遗迹出土的兽牙

历史学者认为，在原始社会里，前后经过母系社会和父系社会的发展，首饰已经不仅是某些人群专用的装饰物，可能还有更重要的社会意义。男子颈脖上戴的串饰可能是以兽牙、兽骨、兽爪串成的，而女子则是鱼骨或贝壳串成的项链，悬挂在胸颈前，这些串饰中的单体（如一个贝壳）可以作为交换信物。原始人可以解开绳索，按照交换需要数量，取下若干个贝壳，去进行交换活动。由于这种串饰使用比较方便，便逐渐形成了挂于颈脖的项链，缠于腰间的腰链，套在手腕上的手链。这样的串饰在作为交换信物的同时，也可以充分显示佩戴者的劳动能力与成果拥有量。如图1-2所示。

图1-2 出土原始社会玉石挂件

考古发现，在新石器时代，人类的装饰意识已在首饰的制作方面充分显露出来。除了一般的粗制石器和雕刻有一些花纹的骨器外，已经出现了用心选材、精心加工的玉石饰品。已经出土的文物反映了这个时期的装饰品的材美工精，在形状的规则性、创意的主观性，表面处理的光洁度、整体精细程度以及原材料的选择和改造上，已远远超出实用的需要，体现了比较明确的审美观念和装饰意识。在此时期的随葬品中，首饰不仅材质和加工优良，而且有系列化趋势。比如，大汶口文化时期男女均可佩戴一种由成对野猪獠牙制成的束发用的头饰。王因墓地中有的死者双臂戴着十多对陶镯，大墩子一墓地出土成串的穿孔雕花骨珠，还有成串的玉、骨、角质的管状项饰、头饰、玉笄、骨笄、臂环、指环、象牙梳及多种坠饰，如图1-3 ～图1-5所示。北京门头沟出土的东胡林人颈部佩戴的由37颗小螺壳穿成的项链。北阴阳营则出土过大量玉器、玛瑙和绿松石饰品。父系社会出土的骨戒指、玉戒指。还有在加宽的梳背上雕刻花纹的具有梳头、束发和装饰功能的镂空漩纹骨笄等。总之，新石器时代是一个首饰艺术和审美意识积累提高的漫长历史时期，也是人类文明的重要发展阶段。这个时期的首饰发展也为中国首饰艺术的发展奠定了坚实的基础，并深刻影响着后人的首饰观念。

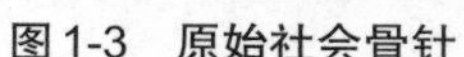
图1-3　原始社会骨针

图1-4　原始社会骨珠

图1-5　新石器时期玉戒指

从旧石器时代到新石器时代原始首饰的变化来看，饰品不断的精细化、美观化。人类早期的“审美”思想逐渐形成，在初期的发展中，单纯的功利主义注入了装饰美的内容。

总体看来，几乎所有的出土首饰文物均为随葬品。大多数原始首饰是给有较高身份的部落酋长或宗教领袖死后的随葬品，是为保护其“永生”的神器。

原始首饰正是在物质与精神一体化的思想指导下设计制造出来的、原始人类希望掌握神秘力量的“神物”，也是寄托灵魂的产物。这种寄物予人心乃至人情的观念在现代首饰设计中仍占有重要的位置。

二、原始首饰观念

原始社会生产力低下，原始人类精神世界狭窄而神秘。以现代人的世界观去分析古代或按现代人的逻辑去推断原始首饰的起源和发展，会与实际情况存在相当大的距离。这种“不可知性”，导致了多种观点共存的局面。

1.功能说

功能说认为，在实用性为先的原则基础上，以发展生产工具为起点，如石斧、骨针、贝壳刀等工具不仅能给人们带来实用的功利，同时也带来了制造的愉快和使用的快感。这种所谓的精神因素提醒原始人，可以将一些轻巧的工具（如骨针）随身保存起来，当然，一般佩戴在身上不影响劳动的地方，如脖颈上，从而构成了原始首饰的雏形。佩戴方式如何及佩戴数量多少，反映着佩戴者在集体劳动中所起的作用和地位。但这种推论尚缺乏可靠的证据，甚至显得有些牵强。

2.生存说

生存说从原始人的精神世界入手，分析了在原始社会精神文化中存在的互为矛盾又互相渗透的两个方面：一方面是朴素的自然观，这是围绕着生存和生产必需的自然知识，通过试误、调节、选择、适应的过程，逐步积累的经验；另一方面是神秘的自然观，认为世间万物都受某种无形的“超自然力”的支配，如何对待和使用某一件东西的态度，直接关系到个人或集体的生死祸福，对“灵物”的崇拜和禁忌都围绕着一个中心——如何使用超自然力特别庇护人类，使他们活得更好。人们将有“灵性”的首饰戴在相接于头与躯干的性命攸关之处——颈部，以保护自身安全。首饰图案之美并不是原始人的超功利之美，而是与图腾文化相联系的人工创作，当时首饰是在神秘意识控制下的圣物，有我们现代人难以理解的、维护原始人灵与肉生存的“特殊功能”。

3. 美化说

美化说认为“生存说”难以解释装饰的起源，因为人类不打扮自身、不戴装饰物，照样可以生存。当人类物质生活发展到一定阶段，审美意识觉醒，装饰就产生了。人们对自然物进行选材、加工，以期能达到对称、光滑或崇拜物的形态，随身佩戴，保佑并美化自己，表现出群体的特征或个体的地位和尊严。比如，武士把射杀的猎物牙齿作为饰物佩戴，体现出胆识力量，这对于群体中的异性也会有特别的吸引力。但这种说法有些肤浅。

4. 游戏说

游戏说认为，古人类思维发展过程与儿童心理形成过程相似，在原始人单调的生活方式中，人们总是寻求一种调谐生活气氛的活动，即原始的“游戏”，它也许与宗教活动相随，难以明确分开，但从愉悦身心而言，这种“游戏”应该是原始歌舞的雏形，而原始首饰可能是进行这种游戏时的道具。

5. 异化说

异化说则认为，人类在改造自然的同时，努力吸取着猎物的长处，渴求达到某些动物天生具有而人却力所不能及的能力，如鸟的飞翔能力、猛兽的撕咬能力等。早在旧石器时代中期，人类就开始用鸟的羽毛装饰在身上，佩戴野兽牙制成的项链，以期从装饰中“汲取”野兽的功能来强化自己。随着人类自我意识的觉醒和原始宗教的形成，装饰的原始幼稚动机逐步被图腾文化所取代，首饰成为追求美和宗教信仰的代表物。

从人类对所使用工具规律性的形体感受到对所谓“装饰品”的自觉加工，两者之间不但有着数十万年漫长的时间间隔，而且在本质上也是不同的。虽然两者都有实用功利的内容，但前者的内容是现实的，后者则是幻想的。劳动工具和劳动过程中合乎规律的形式要求（如节律、均匀、光滑等）以及主体感受，是物质生产的产物，而“装饰”则是精神活动和意识形态的产物，它将人的观念和想象外化，并凝聚在这些所谓的“首饰”的物质对象上，他们只是物态化的精神活动。

第二节　西方首饰发展史

一、拜占庭时期的首饰（公元330年）

罗马帝国晚期的首饰在装饰手法和使用材料上都有所发展。在此时期，彩饰的新品种开始出现，宝石在装饰的重要性上超过了黄金，乌银也被广泛运用。公元395年，罗马帝国分裂为东罗马（拜占庭）和西罗马。然而在接下来的公元4～5世纪出产的首饰和分裂前的罗马首饰之间并没有传承上的断裂，二者差不多使用同样的技术和主题。而拜占庭帝国的君士坦丁大帝将基督教定为罗马帝国的国教，推动了首饰的新主题和新形式的出现，以及人像表现技术的发展。到公元5世纪晚期～6世纪早期（拜占庭早期），首饰开始带有明显的基督教风格。

图1-6　十字架

拜占庭时期是基督教艺术的典型时期。基督圣像是拜占庭艺术的主体，因此拜占庭的首饰设计中也广泛涉及十字架（图1-6）以及基督圣像（图1-7）的图案。拜占庭的首饰一反罗马帝国首饰的简单朴素的风格，首饰的造型图案极其华丽。许多垂饰的形状多为圆形和六边形，加以雕透工艺制成的令人难以置信的复杂几何图形，垂饰的另一个造型是圆形浮雕式。

图1-7　基督圣像

拜占庭的首饰工匠沿袭了古罗马耳环首饰的两个基本造型——船形（图1-8）和悬垂形（图1-9）。悬垂形耳环让人想起了古希腊鼎盛时期的精致垂饰，这些制作精细的垂饰虽被古罗马人简化了，但又被拜占庭人重新加以精心制作。手镯大多是简单的金箍，用珐琅修饰表面。

图1-8　船形耳环

拜占庭人制作首饰的材料和古罗马人基本一样：黄金、宝石、次宝石和玻璃。他们将透雕工艺技术（图1-10）、珐琅彩饰技术（图1-11）和金丝细工用于船形耳环。戒

图1-9　悬垂形耳环

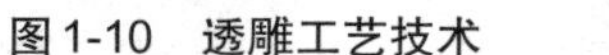

图1-10　透雕工艺技术　　图1-11　珐琅彩饰技术　　图1-12　戒指

指的样式与古罗马的一样，只是镶嵌的硬币改用了拜占庭的硬币，戒指仍有订婚的意义（图1-12）。因为基督教不相信死者能将殉葬的东西带到另外一个世界去享用，因此将首饰和亡者一起埋葬的习俗到拜占庭时代基本结束。

古希腊的遗风与中世纪基督教文化的混合，埃及及两河流域平面均衡、富丽堂皇的东方装饰性特点与西方写实精神的融合，由此产生了东西方混合的独特拜占庭艺术。这就是东方人眼中的西方艺术以及西方人眼中的东方艺术，如此奇妙的结合让拜占庭的首饰成为欧洲中世纪最具艺术感染力的饰品，是艺术造诣最高的形式。

总结起来，拜占庭首饰具有以下特点：

第一，背靠小亚细亚的优越地理位置使得拜占庭拥有充裕的矿产，为工匠们施展才华提供了物质保障。使得拜占庭的首饰在材料的使用上极其丰富，黄金、宝石、次宝石和玻璃都被用到首饰中来。

第二，基督教的盛行影响了艺术的各个领域，宗教神话开始成为首饰主题。与此同时，由于基督教的权威地位，首饰用来陪葬的习俗到拜占庭时期完全中止。

第三，由于三面环水，首饰造型多采用船形和悬垂式，与古罗马帝国简单朴素的造型形成鲜明对比的同时，东方味道十足。

第四，色彩极其华丽，古埃及时期的珐琅彩饰与透雕细工技术结合，让拜占庭首饰像马赛克拼图一样富丽堂皇。

曾经盛极一时的拜占庭帝国孕育了影响深远的拜占庭艺术，这种艺术风格融合了古典艺术的自然主义和东方艺术的抽象装饰特质，将缤纷的色彩交相辉映，既丰富多彩，富于变化，又和谐相处，统一于一个总体的意境：神圣、高贵、富有。强调镶贴艺术，追求缤纷多变的装饰性，善于将彩色玻璃管和金色背景创造出闪亮的光色效果，并将马赛克艺术发展到了新高度。如此种种的艺术语言后来也影响到了珠宝设计。

二、中世纪时期的首饰（500～1450年）

欧洲的中世纪又被称为黑暗时代，因为在这约一千年的欧洲封建社会时期，

图1-13　中世纪皇冠

图1-14　中世纪希腊风红绿宝石镶嵌胸针

图1-15　项链

图1-16　手镯

一个重要的特点就是政教合一的教权统治，宗教文化极大地制约了人们的思想和审美。因此，从宏观角度看，否定现实美成了欧洲中世纪艺术精神最显著的特点。在这一千年中，西方文明失去了方向，在黑暗中摸索，寻找自己的位置。

自耶和华被钉死在十字架上后，反而是基督教加速渗透到社会的各阶层。终于，在神的影响和宗教的作用下，高傲的国王们承认了基督教的合法存在，同时也利用它来稳固自己的统治。罗马大主教，成为至高无上的特权人物。这时候，皇冠开始变成镶满金银珠宝的半球形。而每个皇冠上，都有一个十字架（图1-13），以示皇冠是受神赐。

漫长的欧洲中世纪，首饰服饰分化较严重，首饰却成为那个时代最闪耀的亮点。中世纪的欧洲，凯尔特人、斯堪的纳维亚人和拜占庭人所创造的饰品对首饰的发展起到了重大的影响。在不同的阶层当中首饰的质地和装饰都有区别。中世纪时期首饰同样也体现一种地位等级，如有规定钻石只有王公贵族才能佩戴。上层社会中常出现珠宝扇贝等首饰，胸针也是精致华丽，甚至连鞋子上都饰满了珠宝和金箔。而中世纪政教分离的影响也反映到首饰上，一方面是独特的基督教首饰，另一方面是世俗的首饰，界线分明。首饰种类有耳环、戒指、手镯、王冠、胸针、腰带、饰扣、各种发饰等（图1-14～图1-16）。欧洲中世纪和中世纪早期的首饰都被看作是护身符，认为会给佩戴者带来神秘的力量。

图1-17　珠宝胸针

到了中世纪后期，人们又重新开始追求美的风尚，宝石不仅应用于各种首饰的制作中，还大量出现在服装及腰带的装饰上。妇女的发饰变化繁多，用于发式上的首饰也很丰富。如覆盖在头上的发网由金丝编成，发网上还缀饰有美丽的宝石，显得非常奢侈豪华。胸针和饰扣也都是用金银材料加饰宝石而成。这时首饰就已逐渐失去了它的宗教和神奇的护身符意义，成了单纯的装饰品（图1-17、图1-18）。材质为黄金、白银、玉髓、方解石、天青石、珍珠、绿松石和彩色玻璃。首饰的纹样由具象开始转向抽象，开创了首饰风格的抽象化。在首饰制作工艺上，有透雕细工、金丝细缕、珐琅彩饰等，而宝石琢磨技术的发明，这一最重大的技术革新使首饰进入了实质性的发展阶段。中世纪首饰虽然更多地成为了身份、地位的象征，但是也对首饰的发展起到了一定的影响。

图1-18　钻戒

总结起来，中世纪时期首饰具有以下特点：

第一，政教合一，宗教文化极大制约了人们的思想和审美；

第二，宝石不仅应用于各种首饰制作中，还大量出现在服装、腰带及鞋子的装饰上；

第三，首饰材质为黄金、白银、玉髓、方解石、天青石、珍珠、绿松石、彩色玻璃，极为丰富；

第四，首饰制作工艺有雕刻细工、金丝细缕、珐琅彩饰等；

第五，宝石琢磨技术发明。

三、文艺复兴时期的首饰（16～17世纪）

在中世纪人们的世界观里，神是生活的中心。人在神的面前是卑微有罪的，等待被审判和被拯救的。因此大部分的艺术和设计都是围绕宗教题材、为宗教场所的敬拜和教育目的而创作和设计的。随着启蒙运动和人文主义的兴起，文艺复兴时期成为西方文明进步的新时代的起点，文艺复兴时期也被称为以人为本的时期。

经过文艺复兴运动后，人逐渐代替了神在人们生活中崇高无上的地位，围绕着以人为中心的事件成为文艺复兴美术创作的主题。文艺复兴的艺术风格也影响和渗入到珠宝首饰中，人物塑像的图案出现在珠宝首饰上（图1-19）。

图1-19　珠宝项坠

图1-20　Canning Jewel

经典传说是创作的主题，真实的和虚构的人物形象开始出现在文艺复兴时期的首饰上。文艺复兴时期珠宝首饰的最精美的典范要数维多利亚和阿伯特博物馆的“Canning Jewel”，这是一件诞生于16世纪后期的意大利项坠（图1-20）。“Canning Jewel”全长不足七厘米，表现的是一个人鱼。一块硕大的巴洛克珍珠完美无缺地表现了人鱼的躯干；人鱼的头部是用黄金制成的，白色珐琅涂在脸部，络腮胡子和头发是裸露的黄金；人鱼的胳膊也涂上了白色的珐琅，其中一只手腕上还戴有手镯；人鱼的尾巴用了好几种颜色的珐琅，还有宝石镶嵌其中；人鱼的左手举着一块透雕细工制成、用珐琅和宝石修饰的盾牌；人鱼的右手握着一把土耳其短弯刀。“Canning Jewel”表现出的是惊人的大胆和放肆，它是那个时代同类作品中最典型的。

勋章、徽章和朝觐徽章原本也是首饰，只是后来才将它们从其他首饰中区分开来。服装和首饰互相点缀，当时流行的女性服装低领露肩，因此非常适合戴项链，而项坠是项链必不可少的修饰。由于项坠在服饰中的重要作用，因此使它在珠宝首饰中占有一个特殊的地位。项坠的设计主题和造型多种多样，主要有宗教、神话、寓言和动物主题。

在设计主题和造型上，欧洲各国朝廷首饰追求豪华，在服装上饰有金制玫瑰花数十朵，以红蓝宝石和珍珠镶嵌于花朵之间，衣领上也镶了色彩斑斓的宝石。项链的式样种类也很多，以金银镶嵌宝石的样式为多，有的项链上垂挂着小铃铛。女士首饰中金银的应用更为普遍，贵妇佩戴的首饰华丽典雅，镶有珍珠的金链缠在发髻上，金制的圆珠项链前垂吊着镶宝石的项坠。上层妇女中已形成了以珠宝首饰显示财富，相互攀比的风气。人们竟相在珠宝首饰上投资，在帽式面纱上缀满珍珠宝石，用满是宝石的彩带束扎头发，连腰带上也坠满了宝石珍珠。到了文艺复兴鼎盛时期，人们的项链耳环等首饰的造型愈加宽大厚重，款式也愈加复杂（图1-21）。贵妇人几乎将自己淹没在金银珠宝饰品当中。

浮雕像的雕刻是这个时期的最大特色。宝石镶嵌工艺、珐琅技术及透雕细工等高超技术都在这个时期的首饰中充分体现。文艺复兴时期的珠宝首饰除了具有浓郁的宗教及社会意义外，同时又是服装的必不可少的组成部分，是荣誉和特权的表现，珠宝首饰在公众生活中扮演着重要的角色。

总结起来，文艺复兴时期首饰具有以下特点：

图1-21　文艺复兴时期复杂珠宝首饰

第一，经典传说是创作的主题，真实的和虚构的人物形象开始出现在文艺复兴时期的首饰上；

第二，在设计造型上欧洲各国朝廷首饰追求豪华；

第三，到文艺复兴鼎盛时期，首饰的造型愈加宽大厚重，款式也愈加复杂。

四、十七世纪时期的首饰

17世纪首饰更加富于生活气息，首饰设计以花卉图案为基调，文艺复兴样式混合巴洛克风格，多呈对称样式，表现华丽多彩且富于变化，不乏贵族的庄严和豪壮。服装款式的改变总是引导首饰的改变。英国伊丽莎白女王时代僵硬的亚麻轮状皱领被柔软的蕾丝衣领取代，16世纪厚厚的天鹅绒被更薄的衣料取代，于是首饰造型的改变在所难免。项链和项坠最受欢迎，轻盈的蝴蝶结是主要造型之一（图1-22、图1-23）。

图1-22　以蝴蝶为主要造型的项坠（一）

图1-23　以蝴蝶为主要造型的项坠（二）

（1）17～18世纪的文化状态。17～18世纪的欧洲艺术是艺术史发展中的一个重要阶段，它上承文艺复兴，下启欧洲的19世纪。这一时期，艺术史上经历了从古典主义到新古典主义的演变。17世纪的巴洛克艺术、18世纪的洛可可艺术与16世纪文艺复兴时期艺术的庄重典雅相区别。这一时期的艺术形式热情奔放，动感强烈，装饰华丽，使得

17世纪的巴洛克艺术在一定程度上发扬了现实主义的传统。此外，由于巴洛克艺术符合当时天主教会利用宣传工具争取信众的需要，也适应各国宫廷贵族的爱好，于是在17世纪风靡欧洲，影响到了包含首饰艺术在内的各个艺术领域。而18世纪的洛可可艺术追求优雅、和谐、稳定的复古风，也成为首饰领域开始探寻、关注自然的萌芽时期。

（2）17～18世纪的首饰艺术。17～18世纪秉承了16世纪开始的首饰与服装相配的衣饰流行概念。17世纪早期，整个欧洲再次沉浸在战乱之中。战争带来的贫困，使得不再流行的旧首饰被熔化拆卸，重新设计改造。与此同时，首饰艺术背后的象征意义淡化，装饰意义变得越来越重要，首饰作为装饰艺术品频频出现在服装、挂表以及金属挂件与摆件中。受当时巴洛克艺术整体氛围的影响，这一时期的首饰也形成了独有的艺术特色。

17世纪上半叶的战争和瘟疫带给欧洲恐怖和死亡，这就产生了以死亡为主题、以黑色为主的哀悼首饰（图1-24），这类首饰引发的另一个结果是引进新材料——煤玉，后来煤玉成了非常流行的首饰材料（图1-25）。值得一提的是英国的哀悼首饰，自1861年阿伯特亲王逝世后，女王维多利亚的那枚嵌有阿伯特亲王肖像画的别针再也没摘下来过，女王甚至颁布法令，这期间只能佩戴黑色首饰。英国人使用黑色的哀悼首饰是在1649年查理一世被处死之后，而维多利亚女王使整个国家都戴上了哀悼首饰，并延续近四分之一个世纪。哀悼首饰的材料种类很多，煤玉、珐琅、黑玻璃，甚至是死者的一缕头发，其中最受欢迎的材料是煤玉。煤玉也称黑色大理石，煤玉的质地比较软，适合于雕刻，抛光后的煤玉具有极佳的黑色光泽，所以，它在哀悼首饰中的地位从不曾动摇过。

图1-24　黑色哀悼首饰

图1-25　煤玉

17世纪的前半个世纪，整个欧洲饱受战争和政治动乱之苦，因此那个时期为陷入贫困的皇室和私人制作的珠宝首饰的数量非常有限。虽然挂表和保藏纪念品的金属小盒不是严格意义上的首饰，但它们激发了首饰工匠的热情。17世纪首饰制作的最大发展是宝石玫瑰形琢磨法。在之前，人们认为黄金和珍珠是最贵重的，但当欧洲首饰工匠采用宝石玫瑰形琢磨法以后，红宝石、蓝宝石和绿宝石终于开始露出“庐山真面目”，成为光彩夺目的贵重宝石。钻石也不再是素面朝天用来衬托珐琅彩釉的鲜亮的颜色，而一跃成为身价百万的不可缺少的镶嵌盛宴的主角。镶嵌宝石的爪形底座开始普遍运用到首饰镶嵌工艺中，这是首饰走向轻便小巧的关键一步。

总结起来，17世纪的首饰具有以下特点：

第一，从首饰外观形式上看，花卉植物及昆虫动物的图案频频出现在金工首饰艺术品中，成为一种装饰时尚。与当时巴洛克风格的夸张造型相比，首饰更加贴近自然主义的装饰风格，造型也多选用对称式的均衡造型，一些花朵、蝴蝶结的形象常常出现在17～18世纪的首饰中。

第二，从首饰技术上看，宝石小平面琢磨法即玫瑰形琢磨法诞生，使得宝石光芒四射而成为17世纪最为流行的首饰材料。直到后期，钻石的玫瑰形切磨法诞生，钻石才开始代替宝石成为流行。

第三，从首饰材料上看，17世纪早期，战争及基督教的运动带给欧洲一片死亡的气息，使得“死亡首饰”出现，也使得“煤玉”这种大理石受到关注。

五、18～19世纪时期的首饰（1760～1900年）

18～19世纪的欧洲进入了相对稳定与和平的时期。19世纪前期的首饰深受当时各种美术流派的影响，产生了繁琐华丽的洛可可风格，出现了结合古代造型要素而创新的新古典主义款式，又受到浪漫主义和自然主义美术思潮的冲击而形成了相类似风格的首饰样式。洛可可式首饰采用不对称图案和鲜艳的颜色，广泛采用了彩色宝石和珐琅彩釉，尽显首饰的富贵华丽（图1-26）。

这时期产生了洛可可艺术（Rococo art），这种风格源自1715年法国路易十四过世之后，所产生的一种艺术上的反叛。无论是建筑、服装还是首饰都具有纤细、轻巧、华丽和繁缛的装饰性。首饰种类主要有项链、短链、扣形装饰品、戒指等（图1-27～图1-29）。人造宝石的大量生产也是这一时期首饰历史上最重要的发展。

图1-26　洛可可风格首饰

图1-27　意大利胸针

图1-28　巴洛克风格项链

图1-29　蝴蝶结形状胸针

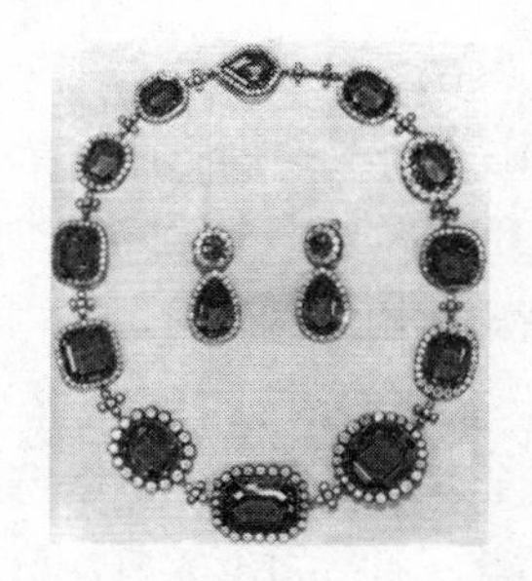

图1-30　Riviere形项链以及配套设计的耳环

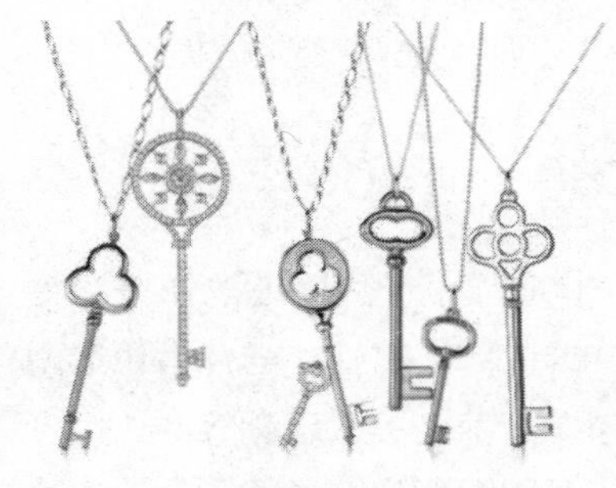

图1-31　Tiffany开启节日梦境

图1-32　Bvlgari首饰

图1-33　Cartier首饰

在17世纪末，宝石能够被琢磨出56个刻面，宝石多角琢磨法替代了16个刻面的玫瑰形琢磨法，这种琢磨法最大限度地开发和利用了钻石对光的反射和折射特性，于是在18世纪上半叶，钻石几乎排除了其他宝石而独占鳌头。镶嵌技术的提高，使首饰进一步向轻巧发展。在18世纪末出现了冶金术。首饰造型上多用C形、S形和漩涡形的曲线并搭配艳丽浮华的色彩作装饰构成，崇尚经过人工修饰的“自然”。首饰题材多表现为浪漫的爱、母爱等。洛可可艺术风格与巴洛克艺术风格最显著的差别就是，洛可可艺术一改巴洛克的奢华之风，更趋向一种精致而优雅。洛可可艺术的繁琐风格和中国清代艺术相类似，成为中西封建历史即将结束的共同征兆。

18世纪上半叶的首饰轻巧精致，用在宝石镶嵌底座上的材料少之又少，被减至最低限度，后来又采用底部透空的镶嵌底座，首饰分量更轻了。对于小颗粒的宝石来说，盘镶很受欢迎。1770年，一种装饰华丽的覆盖住整个脚面的巨大鞋带扣十分流行，这类鞋带扣一般镶嵌次宝石，细工透雕。到18世纪末扣形装饰品终于退出珠宝首饰的舞台，而Riviere式宝石盘镶在18世纪最后25年很受欢迎（图1-30）。

在17世纪中期已经有了制造人造宝石的行业。到了18世纪，人造宝石有了合法的交易市场，成了一种新的材料艺术形式。人造宝石是珠宝首饰历史上最重大的革新，那么随之而来的是冶金术。1800～1820年间，一种新的合金材料问世，它是由17%的锌和83%的铜合成的金属铜，它被证明是合格的黄金的代用品，很快被贵族们接纳。

现在国际上的许多著名品牌都是这一时期形成的，如Tiffany（蒂英尼）（图1-31）、Bvlgari

（宝格丽）（图1-32）、Cartier（卡地亚等）（图1-33）。传统手工开始向现代艺术设计过渡，这一过渡大约延续了一个半世纪。18世纪末工业革命爆发，工业机器的使用不仅仅导致生产方式的改变，同时也导致社会关系、社会文化、思维方式和价值取向等一系列的改变。佩戴首饰不再是皇亲贵族的特权，财富的快速积累使得社会的上层阶级和中产阶级开始有能力拥有首饰。

18～19世纪首饰具有的特点：

第一，采用不对称图案和鲜艳的颜色；

第二，钻石几乎排除了其他宝石而独占鳌头；镶嵌技术的提高，使首饰进一步向轻巧发展；

第三，首饰造型上多用C形、S形和漩涡形的曲线并搭配艳丽浮华的色彩作装饰构成；

第四，人造宝石大量生产，随之出现了冶金术。

图1-34 配饰

图1-35 耳饰

六、英国手工艺运动时期的首饰

“手工艺运动”通常被看作是“新艺术运动”的先导，它起源于19世纪下半叶英国的一场设计运动，又称作艺术与手工艺运动。1851年英国举办的第一次万国博览会展示了工业革命的成果，同时也让一些先觉的知识分子发现，工业化批量生产致使家具、室内产品、建筑的设计水准明显下降。相对于手工制作的产品，这些机器生产的产品似乎失去了灵魂和精神而变得粗制滥造和千篇一律，于是他们其中的一些人开始梦想改变这种令人沮丧的状况。这场运动的理论指导是约翰·拉斯金，运动主要实践人物是艺术家、诗人威廉·莫里斯。在美国，“工艺美术运动”对芝加哥建筑学派产生较大影响，特别是其代表人物路易斯·沙里文和弗兰克·赖特受到运动影响很大。同时手工艺运动还广泛影响了欧洲大陆的部分国家。工艺美术运动是当时对工业化的巨大反思，并为之后的设计运动奠定了基础（图1-34～图1-38）。

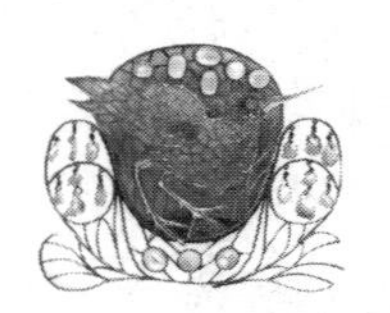

图1-36 胸针

图1-37 配饰

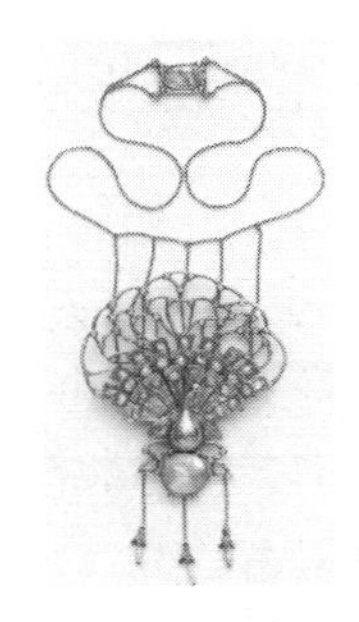

图1-38 项链

这时的产品出现了两种倾向：一是工业产品外形粗糙简陋，没有美的设计；二是手工艺人仍然以手工生产为少数权贵使用的用品。于是社会上的产品明显的两极分化：上层人士使用精美的手工艺品，平民百姓使用粗劣的工业品。艺术家中不少人不但看不起工业产品，并且仇视机械生产这一手段。然而，社会的发展必然导致工业产品在消费中的统治地位，因为工业产品可以批量生产，价格低廉，能为广大消费者所接受。而19世纪早期的手工制品也因艺术与技术的分离而走上一条繁琐俗气、华而不实的装饰道路，法国王政复辟之后出现的各代政府腐败不堪，在手工艺制品上的反映就是复古之风大盛。对于正在蓬勃发展的工业时代而言，这种装饰与设计制作方式是反动的。这一时期尚属工业设计思想萌发前夕，因之在工业制品及产品设计上是一片混乱。

拉斯金非常反对机器化生产，而莫里斯则反对工业制品设计上模仿手工制品的“不诚实”做法，他们主张回溯到中世纪的手工艺传统中。他们的观念贯穿到首饰、书籍、纺织品、墙纸、家具和其他用品的设计上。莫里斯希望通过他的公司提供给大众低廉而又有艺术价值的产品，但是他们所提倡的主要由手工制作的产品因为高品质的设计和缓慢的制作过程而变得昂贵，不可避免地成为只有少数人可以消费得起的“奢侈品”，这恰恰违背了他们最初的意愿。

虽然拉斯金和莫里斯陷入了一种浪漫主义的错误中，但是他们对产品美学缺失现象的批判和试图去改变的勇气，却激励了许多人去思考工业革命带来的负面影响，从而去寻求更佳的解决方案，因此掀起了此后“新艺术运动”的思潮。“手工艺运动”对首饰的影响到了后期新艺术运动时期才逐渐显露出来，首饰制作受到工业化影响是比较晚的事，因为首饰行业一直是手工作业高度密集的产业之一，在很大程度上依赖手工，直到现在仍是如此。

作家约翰·拉斯金，艺术家、诗人威廉·莫里斯，艺术家福特·布朗、爱德华、柏恩·琼斯、画家但·罗西蒂、建筑师飞利浦·威伯等人共同组成了艺术小组拉菲尔前派。他们主张回溯到中世纪的传统，同时也受到刚刚引入欧洲的日本艺术的影响，他们的目的是诚实的艺术，主要是恢复手工艺传统。他们的设计主要集中在首饰、书籍装帧、纺织品、墙纸、家具和其他的用品上。他们反对机器美学，主张为少数人设计少数的产品。

从1855年开始，这个协会连续不断地举行了一系列的展览，在英国向公众提供了一个了解好设计及高雅设计品味的机会，从而促进了“工艺美术”运动的发展。不但如此，英国“工艺美术”运动的风格开始影响到其他欧洲国家和美国，比如苏格兰格拉斯哥的设计师查尔斯·马金托什、英国设计师沃塞、阿瑟·马克穆多。在美国，“工艺美术”运动主要影响到芝加哥建筑学派，特别是对于这个学派的主要人物路易斯·沙里文和弗兰克·赖特的影响很大；在加利福尼亚则有格林兄弟、家具设计师古斯塔夫·斯蒂格利和柏纳德·迈别克等人受到很大的影响。

到了世纪之交，“工艺美术”运动变成一个主要的设计风格影响因素，它的影响遍及欧洲各国，促使欧洲的另外一场设计运动——“新艺术”运动的产生。虽然“工艺美术”运动风格在20世纪开始就失去其势头，但是对于精致、合理的设计，对于手工艺的完好保存迄今还有相当强的作用。“工艺美术”运动最主要的代表人物是英国设计家、诗人和社会主义者威廉·莫里斯。他是英国“工艺美术”运动的奠基人，生于1834年3月24日，1896年10月3日去世，是真正实现英国理论家约翰·拉斯金思想的一个重要设计先驱。

19世纪初期，欧洲各国的工业革命都先后完成，蒸汽机在西欧、美国得到广泛的推广。第一条铁路建成了，第一艘轮船下水了，工厂的烟囱如雨后春笋在各地林立，吐着浓浓的黑烟。大批工业产品被投放到市场上，但设计却远远落在后面。美术家是天上的神，不屑过问工业产品；而工厂主则只管具体制作、生产流程、产品质量、销路和利润，未能想象到还有进一步改善的可能与必要。艺术与技术本来已经分离，到19世纪初期则更为对立。

七、新艺术时期的首饰（1895～1910年）

“新艺术运动”是19世纪80年代初在“手工艺运动”作用下，影响整个欧洲乃至美国等许多国家的一次相当大的艺术运动。从建筑、家具、产品、首饰、服装、平面设计、书籍插图，一直到雕塑和绘画艺术都受到它的影响，延续长达十余年，是设计上一次非常重要、具有相当影响力的形式主义运动。与“手工艺运动”不同的是，“新艺术运动”时期的艺术家和设计师们意识到技术的进步可能带来的积极影响，正如莫里斯后期认识到的，他主张人们应该“尝试做机器的主人”，而不是逆着历史潮流一意孤行。他们致力于在实用艺术领域里发展一种自然而现代的风格，并从中世纪、巴洛克、东方如日本艺术中吸取灵感，借鉴自然中的植物、昆虫和动物形态，做适当的简化处理，形成了令人印象深刻的具有曲线风格的装饰效果。

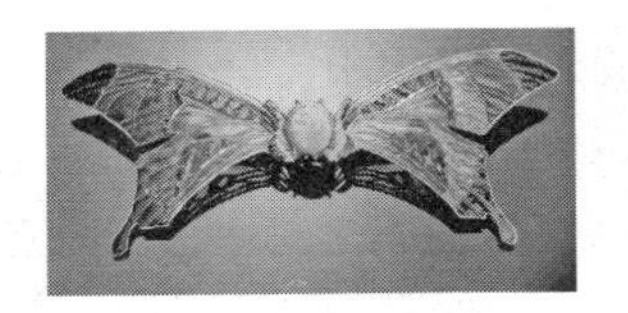

图1-39　以蝴蝶为设计主题的新艺术时期的首饰

图1-40　以甲虫为设计主题的新艺术时期的首饰

图1-41　以花卉为设计主题的新艺术时期的首饰

这一时期艺术家们从自然形态中吸取灵感，以蜿蜒的纤柔曲线作为设计创作的主要设计语言。藤蔓、花卉、蜻蜓、甲虫、女性、神话等成为艺术家常用的主题（图1-39～图1-41）。在他们的作品中表现出一种清新的、自然的、有机的、感性的艺术风格，因此被称为“新艺术风格”。在新艺术时期的珠宝设计中，贵重宝石的使用比较少，钻石往往只是起到辅助性的作用，而玻璃、牛角和象牙因为很容易实现预期的色彩和纹理的效果，被广泛使用。这也是新艺术时期首饰作品的重要特征之一。艺术家对于自然生动而别具情趣的刻画，加上工匠精湛的工艺技术，使首饰作品的装饰效果不仅在视觉上呈现出华丽的审美效果，并且传递着内在婉约的气息。

新艺术时期首饰最有代表性的要数勒内·拉利克创作的首饰作品。他是法国杰出的新艺术时期的天才设计师，他不仅设计珠宝首饰，后来还设计玻璃制品，诸如香水瓶、花瓶等。今天，拉利克已经成为一个经典的品牌，而他亲自设计的作品则以其不朽的艺术魅力流传于世。他是一位非常多产而又有才华的设计师，所设计的产品至今都一直是人们争相收藏的珍品。而今许多复古新艺术时期风格的首饰产品，都是模仿他的风格翻制的模仿品。他在设计中应用大量的写实的昆虫、花草、神话人物等形象，线条婉转流畅，色彩华丽而不俗，这也是新艺术时期艺术风格的代表。

蜻蜓胸饰（图1-42）是拉利克最为著名的作品之一，他对蜻蜓翅膀精心雕琢的处理使之看上去极富一种透明的质感，充满了灵逸和生动。小颗点缀的钻石闪烁着熠熠光辉。用象牙雕刻的女性人体也非常柔和精致，与蜻蜓的造型非常自然地结合在一起，这种出人意料的组合不禁让人产生神秘的遐想，同时带来一种别致的情趣。

图1-42　勒内·拉利克设计的蜻蜓胸饰

在新艺术时期的珠宝设计中，珐琅彩绘技术在首饰制作上被发挥得淋漓尽致（图1-43，图1-44）。新艺术时期的首饰是最具有装饰性的，希望为大众提供独具个性的实用艺术品，但最终还是因为手工性太强而导致价格的昂贵，非普通大众能消费得起。虽然违反了运动发起者们的初衷，但是这一运动却为后来现代首饰的发展立下了不可磨灭的功勋。

图1-43　珐琅彩绘技术的应用（一）

新艺术运动时期的设计还有一个重要的特征，就是展现生物完整的生长过程。在一般人眼里，只有展现花朵绽放得最为灿烂的时刻才是最美的，新艺术时期的艺术家则把花朵从花苞到凋谢的整个过程都展现出来，展现颓废的风格也被一些守旧者认为是“颓废的”。卢斯偏激的观点自然会引起同时代许多人的抨击，新艺术画廊的老板宾就是其中一个。卢斯所引发的争论是著名的形式与功能之间的争论。宾的画廊认为“新艺术风格是时代的风格”，宾对此很反感，他认为衣服、火车、自行车、电动机都可以代表时代风格。他嘲笑了1898年慕尼黑博览会上展出的一把雨伞：“一些水生植物向上卷着，每一株植物上坐着一只青蛙。尽管植物的尖叶子很容易把伞弄破，但这位德国人并不在乎。”

图1-44　珐琅彩绘技术的应用（二）

到了新艺术后期，装饰与功能之间变得越来越理性，卢斯刻意激起的争论也被众人注意。如何控制装饰的度，一直是美术家和设计师不断探索的。再后来，新艺术首饰开始了广泛流行，失去了原有的标新立异姿态，简洁的几何形首饰开始成为流行先锋。如今，新艺术时期的首饰还具有非常明显的个性，在今天看来，新艺术首饰工艺水平和精致程度还是非常高的。不少出自名家之手的新艺术首饰还流传在世，经常会出现在各大拍卖行，这些新艺术首饰的价格也尚未有VVS级别的大钻石戒指高。今天，繁复精致的、简洁大方的首饰充斥着整个商场，让人目不暇接，我们可以通过配合使用场合来决定首饰，靠搭配服装来选择首饰。在收藏界或是在时装界，能让人一手紧握千万身家的，也非首饰莫属了。

就像它突然兴起一样，新艺术主义在1914年走到了尽头。这是因为新艺术主义太过于依赖个人的天赋才华，产品不能批量生产，始终是为少量权贵服务，以及过分夸张的艺术手法促使它走到了尽头。

新艺术主义为20世纪伊始的设计开创崭新的阶段，一直持续到1910年前后，逐步被现代主义运动和装饰艺术运动取代，是传统设计与现代设计间一个承上启下的重要阶段。新艺术主义运动席卷了设计的各个方面，从建筑、家具、工业产品到平面设计、海报，以致雕塑、绘画等，无所不包，但最适合的艺术形式就是最具有代表性的珠宝首饰。珠宝首饰是新艺术主义运动最强烈的表达，英国、欧洲和美国珠宝首饰的最伟大时期就是在新艺术主义运动时期。新艺术主义的首饰充满了强烈的活力，是迷人的、扣人心弦的、神秘浪漫的、销魂夺目的。

综上，新艺术首饰具有的特点：

第一，从自然形态中吸取灵感，以蜿蜒的纤柔曲线作为设计创作的主要设计语言；

第二，贵重宝石的使用比较少，而玻璃、牛角和象牙因为很容易实现预期的色彩和纹理的效果，被广泛使用；

第三，珐琅彩绘技术在首饰制作上被发挥得淋漓尽致；

第四，展现生物完整的生长过程。

八、现当代首饰（1910年至今）

我们也许可以暂且把“现代首饰”的分期定在19世纪末至今的一段时期。在这百年的首饰发展历史中，西方国家兴起的几个大的艺术运动在不同程度上影响了现代首饰的发展。现代艺术运动中具代表性的艺术家中如达利、毕加索、亚历山大·考尔德等许多人都对首饰这种独特的表现形式产生过浓厚的兴趣，他们的艺术风格从不同方面影响了现代首饰设计的创新。例如达利根据他油画中著名的变形钟表为灵感设计的胸针，充分体现了超现实主义艺术风格（图1-45）。

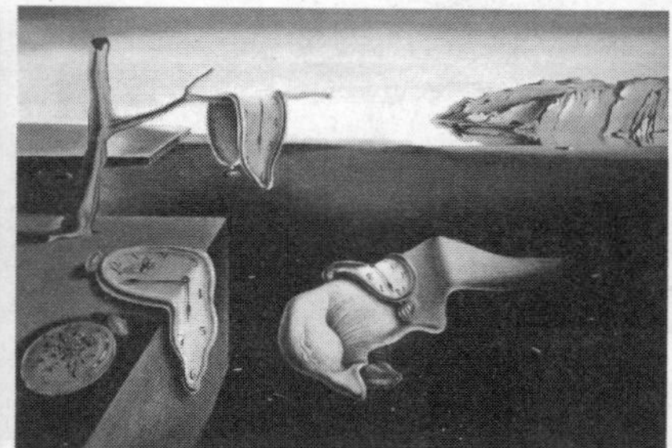

图1-45　达利“时间的眼睛”

现代艺术作品中多种材料的使用和技法的创新也为首饰设计带来灵感。在现代艺术流派中非常重要的立体主义、极简主义、象征主义、表现主义等对首饰的影响也非常明显。比如现代首饰设计师们钟爱的几何形首饰的大量出现，就受了立体主义和极简主义的影响。

现代首饰的发展以欧洲与美国为领先。欧洲的首饰设计是以德国、奥地利和瑞士为核心的，英国和荷兰等国的新首饰潮流的形成也都受到它们的影响。欧洲新首饰的设计理念主要体现为：首饰必须和身体相和谐，强调在设计中摒弃身份象征的观念，提倡对材料的多样性和非贵重金属等陌生领域的探索，力求首饰和佩戴者的身体相得益彰；主张以观念取代形式要素，强调首饰的实验性和观念性，使设计者个人的艺术观念在设计中起到主导作用。同时也使饰品具有很明显的个性化色彩，充分体现一件首饰对个人的关注（图1-46）。

美国的首饰设计不像欧洲那么简约有力，然而，许多美国作品却建立起“首饰是从雕塑中分离出来的一种形式”的观念。“身体雕塑”“佩戴的雕塑”和“人体艺术”这些术语经常出现在美国现代首饰史上。如果说我们无意追究为何身体装饰在美国首饰史上会有如此重要地位的原因的话，那么，缺少常规首饰制作的传统显然成为美国人勇于打破常规、吸纳各种设计风格的得天独厚的土壤。拉美文化的影响也是使得美国首饰中经常运用羽毛和其他有机物材料的原因之一（图1-47）。

图1-46　高贵的心

现代首饰创作在很大程度上摆脱了传统首饰严密、繁复的工艺程序，变得相对自由、简洁。但其创作主题、材料选择等都已发生了改变。在西方，现代首饰逐渐成为现代艺术的一部分，尤其是20世纪中叶。现代工业化导致的情感荒漠使得人们十分怀念手工业时代的宁静和谐的生活。因为手工操作仍是现代首饰创作的主要制作方式，所以现代手工艺术成为工业化时代的补偿性反映。相对工业制造的高理智追求，现代手工艺则鲜明地指向高情感的目标，这种互逆维系着现代手工艺的生命力，也内约了现代手工艺的美学特征和审美特征（图1-48）。

图1-47　羽毛样式首饰

作为现代手工艺术谱系一部分的现代首饰，在近代开始成为一种艺术创作形式，一种抚慰心灵、挥洒个性、直抒胸臆的媒介，有的首饰作品更接近于纯粹艺术作品，这说明现代首饰已经成为现代艺术的一部分。主流艺术的革新总是会对首饰设计产生深远的影响，如今的西方首饰市场发展已经比较

图1-48　现代手工艺首饰

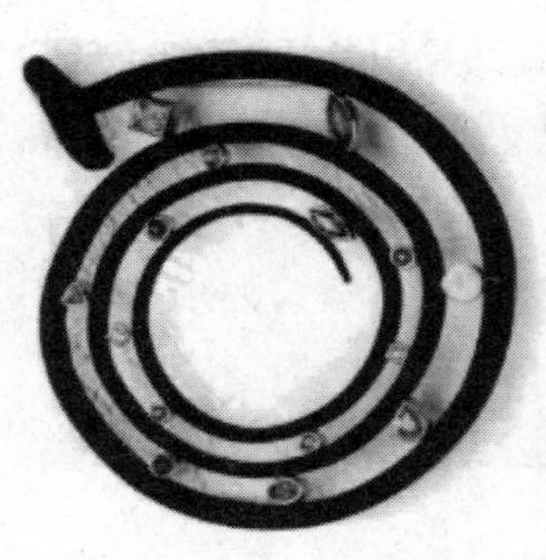
图1-49　铁与贵重金属的结合

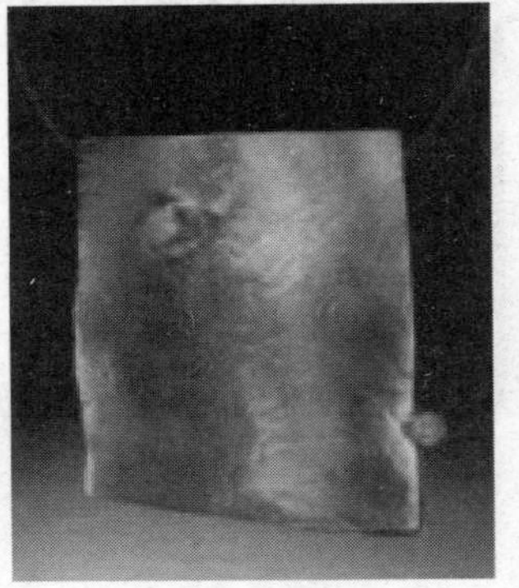
图1-50　吊坠

成熟，从事该专业领域的人也非常之多。在美国手工艺术家联合会（American Craft Council）每年几次的博览会上，我们都会看到上百名优秀首饰艺术家和设计师参加展览。他们或展览艺术性非常强的概念性首饰作品，或展览销售独具个性设计风格的作品。每个艺术家专长使用的材料、工艺也各不相同。有的专攻锻造，有的擅长珐琅工艺，有的以宝石镶嵌为主，有的则采用塑料或树脂等新型工业材料作为首选；有的沿用古老的錾花工艺，有的则用现代的金属处理工艺如阳极氧化铝、钛或铌金属，真正是百花齐放的欣欣向荣景象（图1-49、图1-50）。

现当代首饰具有的特点：

第一，欧洲设计的首饰必须和身体相和谐，强调在设计中摒弃身份象征的观念；提倡对材料的多样性和非贵重金属等陌生领域的探索；同时也使饰品具有很明显的个性化色彩。

第二，美国设计的首饰建立起“首饰是从雕塑中分离出来的一种形式”的观念；拉美文化的影响也使得美国首饰中经常运用羽毛和其他有机物材料。

第三节　中国首饰发展史

一、中国首饰发展时期

（一）萌芽时期

旧石器时代晚期，原始人主要以狩猎为生，狩猎工具依赖于石器制作。在打制石器的过程中，人类掌握了最原始的工艺，生活在北京周口店的山顶洞人当时已经学会使用钻孔、刮削、磨光等技术；同时在此过程中人类还创造了许多装饰性的物品，他们把色彩各异的石珠、砾石、兽牙、鱼骨和海蚶壳等材料用绳子串联起来做成装饰品，有些还在绳子上和装饰品的小孔中染了色。染料是山顶洞人将发现的一种红色石块（赤铁矿），用石器刮磨成粉末制成的。用这种办法染制的项链，虽不能与今日之各色项链相比，却也有其独特的韵味。著名的工艺美术史学家王家树先生认为："从这些原始装饰作品，可以看出当时人们在造型、色彩、纹饰诸多方面都有了一定的审美要求和表现方式。人们将大小不等的獾、狐、鹿等的牙齿同相应大小的石珠、骨管等穿缀在一起，组成若干单位重复出现的连缀排列，这不能不说是原始人审美意识的重大发展。山顶洞人第一次揭示了装饰艺术中单位相互穿插的节奏感和变化统一的形式美法则。"这些原始装饰作品见证了华夏文明中首饰发展的萌芽时期（图1-51 ～图1-53）。

图1-51　新石器时期的贝壳项链

图1-52　大玉龙

图1-53　鸡骨白玉管

（二）形成时期

春秋战国时期（约公元前770 ～前221年）是首饰发展的形成阶段。春秋战国时期，农业、畜牧业、手工业等生产方式的产生，促进并扩大了物质生产的规模，形成了行业分工的雏形，物品无论在形态上还是在数量上也逐渐丰富起来，促使了商业飞快地发展，也使物物交换成为频繁的贸易手段。这一时期，人类的定居生活对文化的发展也有了明显的促进作用。因此当人们的物质生活有了极大的提高后，便懂得并开始追求更高的生活品质了。青铜器、玉器等器具的出现，使人们的审美观有了很大的提高，加之政治生活的相对稳定，人类彻底告别了蒙昧的野蛮时代。于是，装饰人体的各种饰物——首饰也成为人类生活资料积累的一部分。

孔子是儒家学说的代表人，他始终以维护氏族贵族统治的"周礼"为己任，因而极力以"仁"释"礼"，希望以"礼"所规定的君臣等级、尊卑老幼的秩序能够稳固地保持。他很注意在典章、制度、规范、礼节、仪容中抓住一个很重要的外在表现形式，其中就包括首饰。

各种玉制首饰在这一时期受到高度的重视。儒家认为，"玉有五德"，所以统治阶级都有佩玉，玉佩是贵族王孙和百官们的随身饰品，佩有全佩（大佩，也称杂佩）、组佩，及礼制以外的装饰性玉佩。全佩由珩、璜、琚、瑀、冲牙等组合。组佩是将数件佩玉串联悬挂于革带上，以古代的礼治，成组的佩玉上面必有弯月式的玉璜，中间是方形上刻齿道的琚，旁边是龙行冲牙，用彩色丝绳串彩珠点缀其中，下垂彩穗，算一整套古赋中描述的“环佩叮当”。走路时玉是有节奏的，玉声一乱就算失利。装饰性玉佩包括生肖形玉佩、龙纹佩、鸟纹佩、兽纹佩等，这类玉佩比商周时期细腻精美。

后来，儒家进一步将礼玉系统化、规范化，提出“六器六瑞”的说法。六瑞为镇圭、桓圭、信圭、躬圭、谷璧、蒲璧，分别为王和公、侯、伯、子、男五等爵所执掌，以代表人物不同的身份等级。

六器是贵族统治阶级礼拜天地四方的玉器。

苍璧（璧：圆形，正中有孔）：用以礼天（图1-54）。

黄琮（琮：方形或长筒形，中贯圆孔）：用以礼地（图1-55）。

青圭（圭：长条形，上尖下平）：礼东方（图1-56）。

赤璋（璋：长条形，上端斜尖，为圭之一半）：礼南方（图1-57）。

白琥（琥：虎形玉雕）：礼西方（图1-58）。

玄璜（璜：半圆形，似璧的一半）：礼北方（图1-59）。

图1-54　苍璧

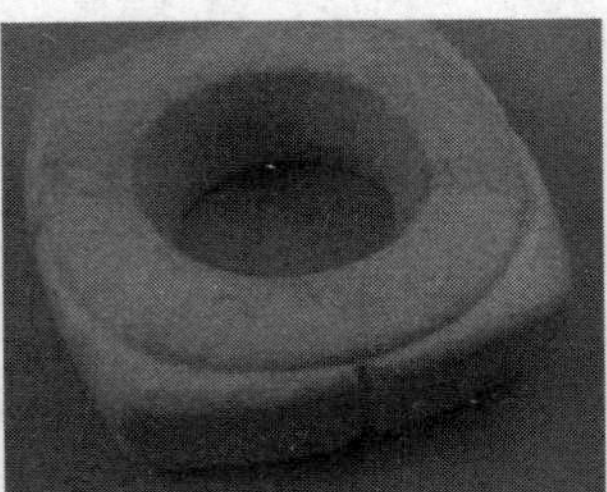

图1-55　黄琮

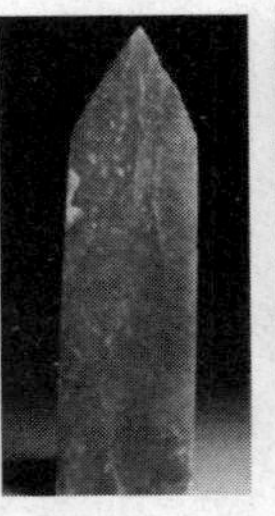

图1-56　青圭

图1-57　赤璋

图1-58　白琥

图1-59　玄璜

见于文献记载的说法，玉之用于礼仪性活动，主要为祭祀天地日月星辰山川诸神和朝觐、礼聘、结盟、贵族间各种人际交往，也有符信的作用。还有些特制的玉片和碎玉被用作贵族丧葬时敛尸之用。曾侯乙墓的龙凤玉挂饰（图1-60）、四节龙凤玉佩（图1-61）等作品代表着战国时代玉石艺术向玲珑剔透的装饰美发展的新的审美追求。

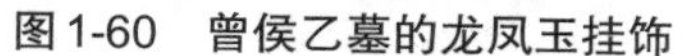
图1-60　曾侯乙墓的龙凤玉挂饰

图1-61　曾侯乙墓四节龙凤玉佩

（三）发展时期

公元前475年至公元1840年，是我国首饰形成后的发展时期。明清时期是中国历史上特别复杂的阶段，其经济的发展与政治的腐败并存。由于工商业的发展，社会财富得以迅速增长，特别是到了明清中期，官宦贪欲滋长，社会奢靡风行，官场政治腐败，达官贵人更热衷于财富的炫耀与攀比，这样也间接地促进了金银首饰行业的发展。

明清时期首饰的风格一改唐宋以来或丰满富丽、生机勃勃，或清秀典雅、意趣恬淡的风格，而越来越趋于华丽浓艳，宫廷气息愈来愈浓。大体上说，明朝的珠宝首饰仍未脱尽生动古朴，而清朝却极为工整华丽。相比较而言在工艺技巧上清朝珠宝首饰更加细腻精工。总体上看，明清时期的风格是华丽浓艳的，珠宝首饰丰富多彩、技艺精湛。其制作的工艺包括了翻铸、炸珠、焊接、掐丝、镶嵌、点缀等。在清代首饰制作中，综合应用了明代广泛采用的焊接、掐丝、宝石镶嵌等工艺，制作出来的首饰纤细秀丽、巧夺天工，在色彩和质感上体现出珍贵不凡、造型庄重、装饰华丽、雕镂精细的特点。器物用打胎法制成胎型，土体纹采用锤成凸纹法，细部采用錾刻法，结合花丝工艺，组成精美图案，有的器物镶嵌珍珠宝石，五光十色。金银上凿刻压印“官作”或“行作”，或工匠名及成色，体现了皇宫贵族特有的气质。在金银器的成型工艺上，采用翻铸成型和锻打成型，在当时还广泛地运用了金掐丝镶嵌宝石工艺（图1-62 ～图1-67）。

从制作及艺术风格上看，明清时代的首饰有两个相反的特点：一是复杂烦琐，集各种名贵材料于一体，工艺制作的水平也很高，加以金为骨，在其上盘丝垒丝，镶嵌珠宝；有的以玉为骨，包金镶银，精雕细刻，还附加复杂的垂饰。二是极为简朴，不在金、银坯上加饰任何纹样和装饰，金镯银圈或玉环由本身材料的质地展示出自身美感。明清以后流传下来的大量首饰，一般都采用深浮雕的方法，再精心装饰上各种动物和花卉图案，并且充分利用了各种玉石的特殊效果，因此给

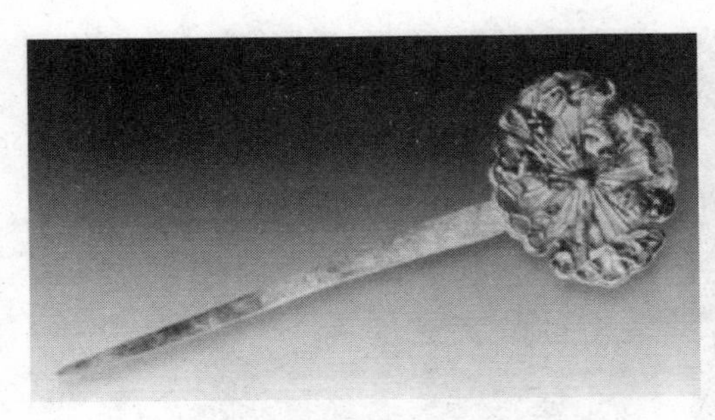

图1-62　发钗

图1-63　点翠首饰

图1-64　耳环

图1-65　玉手镯

图1-66　官样首饰

图1-67　宫廷首饰

人一种风雅得体的感觉。所用的宝石不仅以光泽和珍稀取胜，它还以颜色的适当配合见长。明代以后，玉石在首饰中的作用更加重要，尽管珍珠、碧玺以及其他宝石都很丰富，但玉石，特别是白玉一直是人们欣赏的对象。

明清首饰在中国首饰的发展中起着承上启下的作用，不仅继承了历朝历代的特色，而且在玉饰、金银首饰等饰物的制作过程中大胆突破传统的制作工艺，在增加首饰美观的同时，大大地提高了制作效率。精美首饰的诞生不仅体现出当时人们对生活美感的追求，而且也体现出了劳动人民的聪明与智慧。由此可见，明清首饰工艺上的进步为现代首饰的发展奠定了深厚的基础。

（四）繁荣时期

华夏首饰文化的艺术价值，在于它有千锤百炼、经久不渝之美。例如银饰品来自于民间，反映了平民文化中的理念和情感。无论是吉祥的图案还是喜庆的祝福，都以真挚自然的方式表达了出来，人们欣赏到的也许就是这些银饰品在朴素中流露出来的美。

近现代是首饰发展的繁荣时期。1949年新中国成立后，尤其是1979年改革开放以来，首饰文化进入了无可比拟的新的繁荣时期。现代首饰设计，已形成了包括符合现代艺术、现代加工业、现代商业及社会环境的首饰造型设计，是现代物质文明、艺术与科学相结合的产物。

现代首饰设计在开放的环境中，在中西文化交流互动的状态下，呈多元化发展趋势，结合现代社会发展的审美要求，与时俱进，不断地变化着、演绎着。佩戴首饰既是个体行为，也是社会内容；是物质形态的表现，也是思维形态的反映，已成为一种现代社会对人整体素质的客观写照。因为，一方面，现代首饰魅力大、应变快，无论款式、色彩、功能都要表现出现代风格，形成一股富有活力的潮流；另一方面，要求设计师不断地设计出新款珠宝首饰，并创造出与时代精神、潮流一致的作品（图1-68～图1-74）。现代苗饰艺术风格的产生与形成，应符合大众审美情趣，在某种意义上，不仅迎合消费者的趣味性，设计还应具有独特的风格。设计师在创造流行的同时，应大量吸纳与融合古今中外各民族文化的优秀结晶，并将生活习俗、审美情趣、色彩爱好、宗教观念以及种种文化内涵积淀于现代首饰设计之中。流行首饰的形式是多变的，如何去看待和把握现代流行首饰及其设计，是我们每个首饰设计者必须积极关注的目标。

图1-68 花丝工艺首饰

图1-69 金银项链

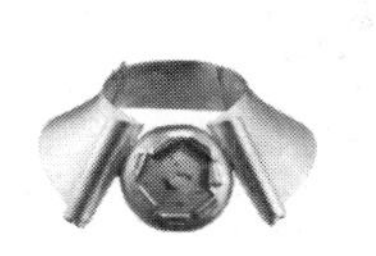

图1-70 重金属首饰

图1-71 戒指

二、中国首饰种类及演变

从原始人佩戴的骨珠、兽牙到现代的珠宝项链，首饰的材料不断拓展，工艺不断提高，种类不断增加。首饰的材料、工艺、年代等都可以成为首饰分类的依据，但是我们通常会按照首饰的装饰部位不同，将首饰分为发饰、颈饰、耳饰、手饰、冠饰、配饰及其他类。为方便叙述，下面我们就以首饰的装饰部位为主线，介绍我国常见的饰品及其演变历程。

图1-72 珐琅耳饰

图1-73 戒指

图1-74 胸针

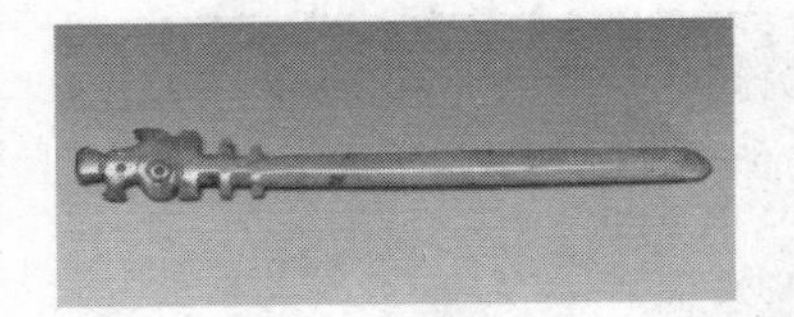

图1-75　雕象牙鸟首笄

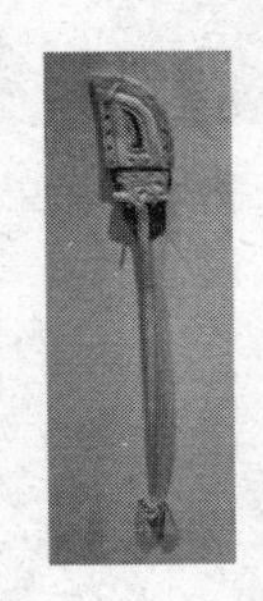

图1-76　殷墟妇好墓出土的骨笄

图1-77　汉代发髻

图1-78　唐代花钗礼衣

图1-79　明代牡丹簪

（一）发饰

在整个首饰体系中，以发饰的式样最多。发饰与发型有着密切的联系，有什么样的发型就会产生与其相适应的发饰，特别是古代妇女变化多样的发髻样式，为发饰式样的丰富起到了重要作用。我国发饰常见的有发笄（或称发簪）、发钗、步摇、华胜、发钿等。

1.发笄与发簪

笄是绾髻固冠的用具，在秦汉以后改称“簪”。按照古代礼制，女子年满15岁将正式改梳成人的发髻，插上“笄”把头发挽住。男子除了也用“笄”束发以外，还用“笄”固冠，即把冠体和发髻相固定，这种固冠的“笄”一般是横插在发髻之中，故又称“横笄”或者“衡”。在周代，横笄是区分地位等级的标志之一，如天子、王后、诸侯用玉制横笄，士、大夫用象牙（图1-75、图1-76）。

秦汉以后，发簪的材料由原来的竹木、玉石、蚌骨发展成玉、铜、金、银、玳瑁、琉璃、翠羽等贵重的材料。制簪的工艺与形式也日趋考究、繁复，逐渐转变为贵族妇女塑造、美化发式的重要装饰物，甚至成为炫耀财富、区别身份的重要标志。从东汉开始，贵族妇女的发式以高大为美，常在真发中掺入假发，梳成高耸的发髻，这种发髻需要多根发簪才能固定，也有直接佩戴假发发髻的，则需要较长的发簪固定。假发髻的流行，使汉代妇女的发簪数量增多，形制增大，长度多在20厘米左右（图1-77）。到了唐代，由于花钗礼衣制的实行，更将发饰盛装推向了极致。花钗礼衣制开始于唐开元天宝年间，妇女在婚嫁等重要时刻必须穿戴花钗礼衣；不同等级的妇女花钗礼衣的制式有所不同（图1-78）。直到明代以后高髻之风才日渐式微，明代的金银首饰工艺水平相当突出，特别是镶嵌、花丝、錾刻、制胎等综合工艺已经十分成熟。大量带有吉祥寓意的簪钗在清代格外流行，题材主要包括祥禽瑞兽、花卉果木、人物神仙、吉祥符号等（图1-79、图1-80）。

图1-80　清代慈禧翡翠簪

2.发钗

钗字古代又写做“叉”，簪由原来的单股演变为双股后被称为“钗”，但两者也往往互相混称，尤其是顶端装饰复杂的，其相互混称的可能性就越大。伴随着发式的变化，钗簪的发展自始至终保持着两个方向，一是实用性的钗，一直保持最简单实用的基本形，实现着束结头发的基本功能（图1-81），这种发钗被称为素钗。另一个发展的方向则是以装饰为目的，向着繁复、华丽的方向发展，这种发钗又被称为“花钗”（图1-82）。

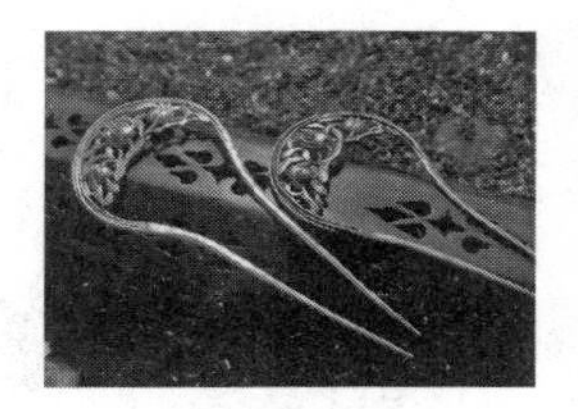

图1-81　素钗

花钗成为命妇礼冠上的主要装饰，并制度化，开始自北齐，以后备朝各代都沿用此制，直到清末，头钗的品级区别才被淡化，只是在材料和工艺上体现了不同佩戴者的经济实力。明代开始，高髻之风日渐式微，但当时的发型种类数量却丝毫未减。

图1-82　花钗

3.华胜

即花胜，古代妇女的一种花型首饰，通常制成花草的形状插于髻上或缀于额前（图1-83）。

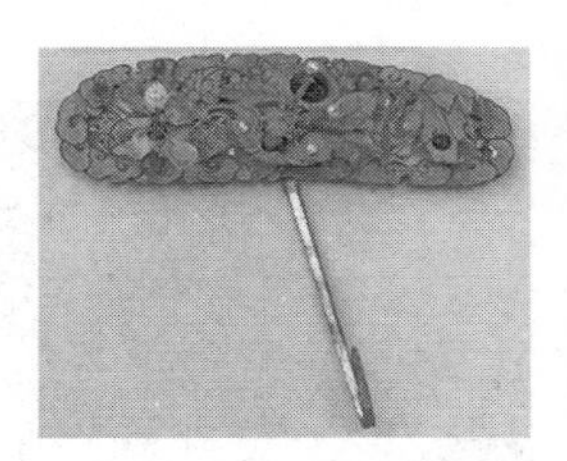

图1-83　玛瑙华胜

4.步摇

中国古代妇女的一种首饰，取其行步则动摇，故名。其制作多以黄金屈曲成龙凤等形，其上缀以珠玉（图1-84）。

（二）耳饰

耳饰的佩戴分为两种：一种是穿耳配饰，以耳环耳坠为代表；另一种则是以珥、瑱为代表的不穿耳佩戴的饰品。穿耳之俗由来已久，商周时期的出土物品中就屡有穿耳人形器出现，在秦汉时期，穿耳与否是区别贵贱的标志，那时的皇后、嫔妃、命妇皆不穿耳，而士庶女子则必须穿耳。到唐代，士庶妇女穿耳制度被废止，

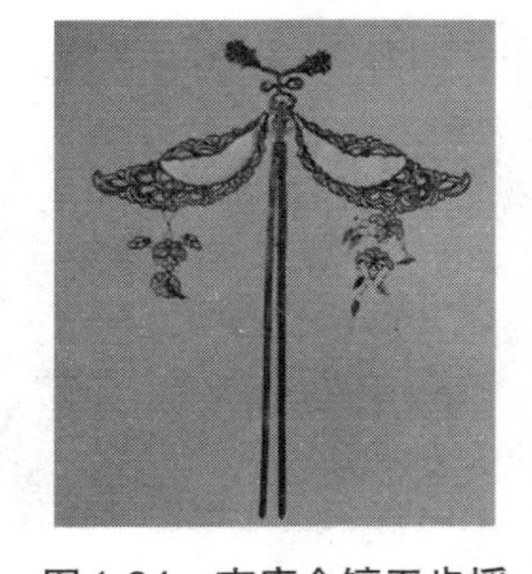

图1-84　南唐金镶玉步摇

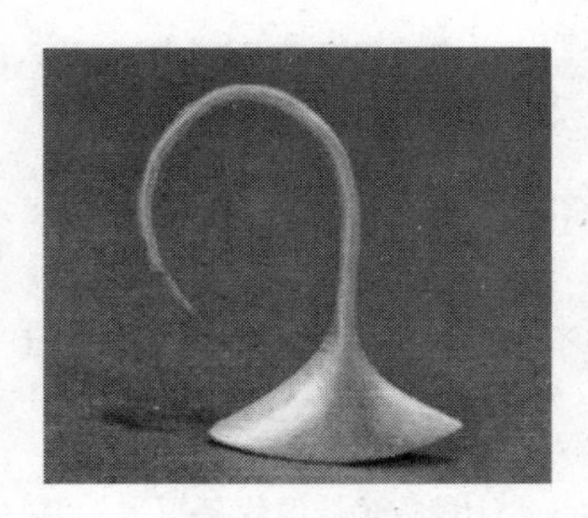

图1-85　商代金制耳珰

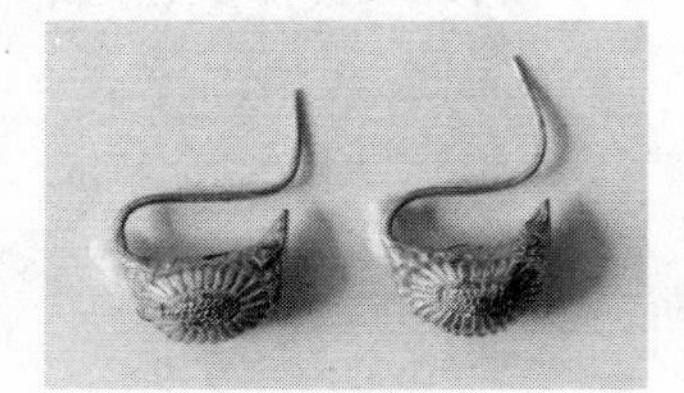

图1-86　宋代葵纹金耳环

图1-87　明代金葫芦形耳环

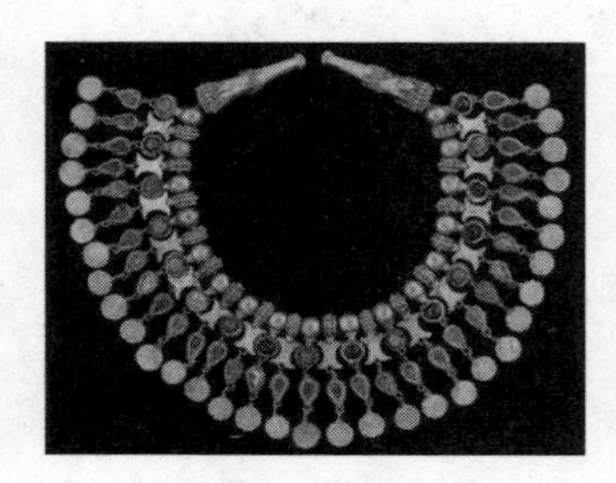

图1-88　颈部装饰

图1-89　清代沉香朝珠

直到宋明以后才开始在全国妇女中盛行穿耳戴坠的习俗。

商周时期的耳环多为青铜制品，金质耳环也时有发现，商代的金质耳环的形制为：一端锤打成尖锥状，以利穿耳；另一端锤打成喇叭口状（图1-85）。

宋代穿耳之风盛行，耳环样式层出不穷，材质也相当丰富。辽金时期的耳环以青铜、金质为主，多镶嵌玉石，其形制巧异，工艺精美，这与北方少数民族长期制作佩戴耳饰有直接的关系。明代耳饰工艺精绝，特别是以累丝镶嵌工艺见长，以葫芦形耳环最为常见。清代耳环品种及样式极多，繁简不一，简单的只是光素的银环，而复杂的则錾刻、镂空、模压、焊接等诸多工艺齐集（图1-86、图1-87）。

（三）颈饰

颈饰是人体装饰的最早形式之一。在美学研究上有这样的推断：原始先民在劳动中，男性为了显示健壮英勇，将兽牙兽角等战利品穿绳佩戴，而女性在生活资料收集过程中为了显示自己职务的光荣，也选择了蚌壳、硬果、彩色石块等物装饰自己。我国的串饰材料丰富，早期主要是石珠、石管、蚌壳、兽牙，晚期则多使用贵重材料彰显财富，玉、玛瑙、水晶、琥珀、珊瑚、金银、珍珠等都常常成串出现在人们的颈部装饰上（图1-88）。念珠和朝珠也是串饰的重要品种，特别是朝珠，作为清代品官朝服上的装饰品，其数量为每串108颗，由贵重材料组成，文官五品、武官四品以上以及部分特定官署的官员才有资格悬于胸前，作为礼服的一种颈饰（图1-89）。

我国项链的链条出现较晚，差不多到了清代才出现实物，在这之前主要是由串珠构成，这些串珠有宝石的，也有珍珠的，也有金属的。我国古代项圈的实物，最早出现在战国时期的北方少数民族墓葬。唐宋时期的项圈形制与现今苗族的片状錾花项圈相似，圆形，扁片状，表面锤錾出各种花纹（图1-90）。而到了明清，项圈则专属于儿童，不再是简单的装饰，而是作为祛病辟邪的象征物，名为“长命锁”（图1-91）。

图1-90　唐宋时期的项圈

（四）手饰

手镯是一种最古老的首饰形式之一。在我国许多新石器时代遗址中考古学家均发现了陶环、石镯等古代先民用于装饰手腕的镯环。从出土的手镯实物来看，有动物的骨头、牙齿，有石头、陶器等。手镯的形状有圆管状、圆环状，也有两个半圆形环拼合成的。商朝至战国时期，手镯的材料多用玉石并出现了金属镯。西汉以后，由于受西域文化与风俗的影响，佩戴臂环之风盛行。唐宋以后，手镯的材料和制作工艺有了高度发展，有金银手镯、镶玉手镯、镶宝手镯等。造型有圆环型、串珠型、绞丝型、辫子型、竹子型等。到了明清乃至民国，以金镶嵌宝石的手镯盛行不衰。在饰品的款式造型上、工艺制作上都有了很大的发展（图1-92、图1-93）。

图1-91　清代长命锁

戴指环是原始社会流传下来的风习，戒指和指环也被称为“约指”。早在大汶口至龙山文化时期的墓葬中已有骨戒指出土，有的戒指上还嵌有绿松石。甘肃的齐家文化类型遗址中也已发现了铜戒指，到秦汉时期戒指开始在民间流行，一直延续至今（图1-94）。

扳指，又称搬指或班指，是古人射箭时戴在大拇指上拉弓用的工具，用象牙做的指环佩戴在右手拇指上，后来用玉，并逐渐转化为装饰品（图1-95）。

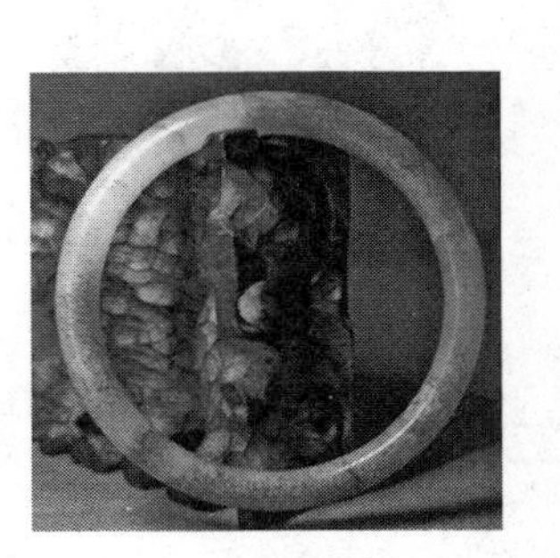

图1-92　唐代镶玉手镯

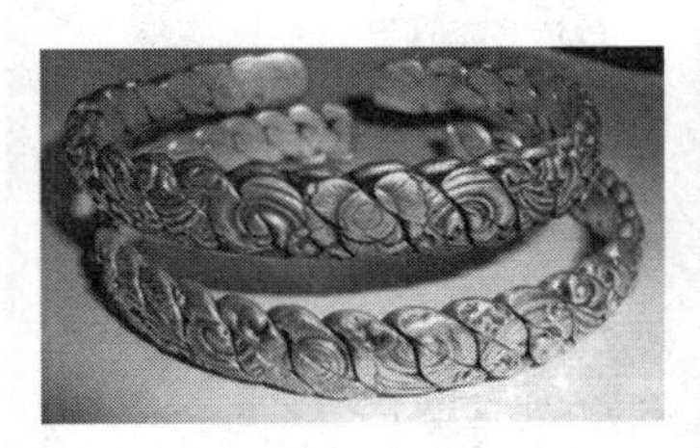

图1-93　清代手镯

图1-94　大汶口至龙山文化墓葬中骨戒指

图1-95　和田玉扳指

三、中国少数民族饰品

中国首饰还包括民间首饰和少数民族首饰。民间首饰与时令习俗有关。汉族的香包，苗族、侗族的银首饰，苗族、黎族、高山族的梳子，德昂族的绒球和藤腰圈等，都是有特色的民族首饰，它们往往带有象征吉祥和爱情的寓意。

作为服饰的主要辅助手段，我国各民族在条件许可的情况下，都尽量讲究首饰，如耳环、项链、戒指等。在金、银、玉、珍珠、玛瑙、松石、丝、翡翠、珊瑚、蜜蜡、琥珀、海贝、料珠、羽毛、兽皮、兽骨、兽牙等诸多质地的饰品中，以银饰品最为常见，金首饰和珍珠、玉石等次之。蒙古、藏、羌、彝、白、哈尼、傣、佤、纳西、景颇、苗、瑶、畲、侗、水、布依、壮、土家、黎、高山等近四十个民族都喜用银饰。其中苗族银饰品种之繁多、款式之丰富，可说是我国五十多个少数民族之冠，世界上恐怕也没有任何民族能与之相比。

（一）典型少数民族饰品

1.傣族少数民族首饰

图1-96　西双版纳妇女头饰

傣族男子戴有头饰，一般为白色、淡青水红布或者蓝布包头，并在末端饰以彩色丝线。西双版纳的傣族妇女不论来由皆盘发成髻，饰以发梳和发簪。德宏盈江、梁河一带傣族妇女戴用黑布缠制成的黑桶帽。元阳、红河两地包头为黑色，前额上端装饰有一块十寸宽的五彩刺绣，末端三角形直竖着暴露于上方，金平傣族妇女发式或盘髻，或盘发辫（图1-96～图1-98）。

图1-97　德宏盈江、梁河妇女头饰

图1-98　元阳、红河妇女头饰

2.壮族少数民族首饰

壮族男女不同时期的历史上有不同的发型，从广西花山崖画上可见早期的壮族男子是剪短头发的，少女留长辫。1949年后，各地妇女发式仍保持一定特色。如广西龙胜一带的老年妇女不结髻，把长发翻过头顶打旋，然后用四尺黑布包好；青年女子头顶留长发，四周剪成披衽，顶心长发翻到前额，扎以白布，插上银梳；小孩头发则先剃光，戴上银饰帽，长大后才留顶心发。

图1-99　壮族银簪

壮族的银饰过去曾经普遍流行，壮族银饰的种类主要有：银梳、银簪、耳环、项圈、项链、胸排、戒指、银镯、脚环等（图1-99）。

壮族人银镯式样比较丰富，有的打成一指宽的薄片，有的打成一根藤，有的打成多根互相缠绕等，目前，在壮族地区很难看到壮族妇女佩戴传统的银饰。

3.瑶族少数民族首饰

瑶族妇女头饰十分复杂，有戴帽的、缠头的、包帕的、顶板的、戴银钗的等。瑶族银饰居多，亦有金、铜、竹、木等饰物，妇女有头簪、头钗、耳环、项圈、串牌、链带、手钏、戒指、银铃、银鼓等。男子亦有银牌、银铃、银鼓、戒指、耳环、烟盒等。过山瑶妇女的盛装胸饰挂8～16块有花纹的方形银牌，男子衣扣16对，圆形银扣或者铜扣，排瑶男女喜戴大匝颈项圈，银质或铝质、锡质（图1-100）。

4.侗族少数民族首饰

侗族发髻上饰环簪、银钗或戴盘龙舞凤等银冠，佩挂多层银项圈和耳坠、手镯、腰坠等。三江侗族女子头上挽大髻，插木梳、银钗等（图1-101）。

图1-100　瑶族大匝颈项圈

图1-101　侗族银冠

5. 苗族少数民族首饰

苗族的头饰包括银角、银扇、银帽、银冠等。苗族妇女的头饰样式繁多，挽髻于头顶，配上各种各样的包头帕，别具风格。她们的盛装以黔东南独具特色，把银饰钉在衣服上称“银衣”，头上戴着形如牛角的银质头饰，高达寸余（图1-102、图1-103）。

图1-102　苗族银冠

图1-103　银质头饰

第二章

珠宝首饰设计概念

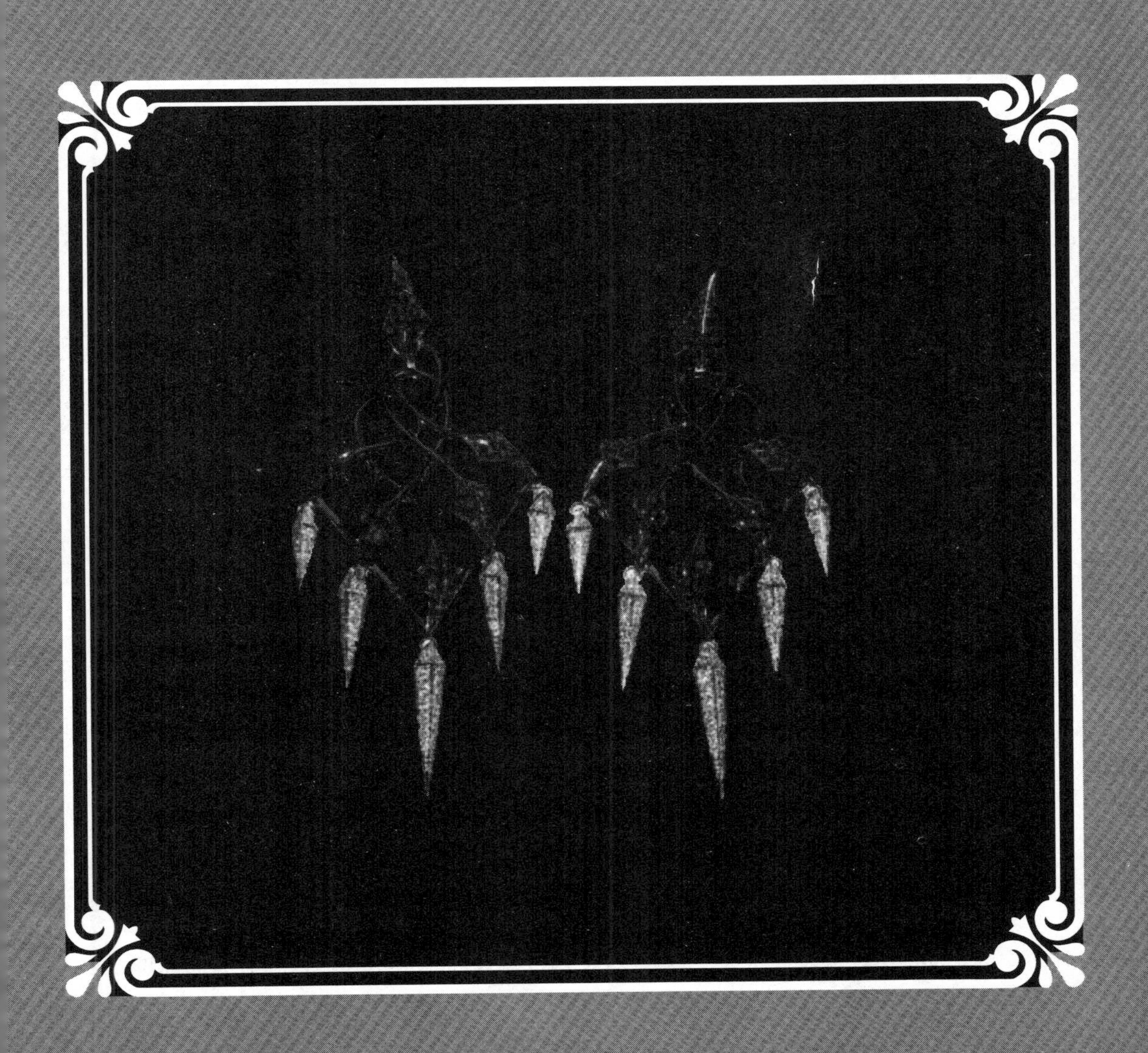

第一节　珠宝首饰的定义与分类

一、珠宝首饰的定义

首饰在现代社会中已经不仅仅是一种装饰品，更多的是一种精神、一种观念、一个符号或者一个标志。现代首饰设计受现代社会发展的影响，与传统的首饰设计相比已经有了质的改变。在现代社会高度发展和现代文明快速进步的过程中，人们对首饰及首饰设计有了全新的认识，尤其是在追求个性化的今天，如何满足现代人对首饰个性化的需求以及如何达到现代人的审美水平就显得尤为重要。

随着历史的发展，人类社会的进步，社会分工的出现，尤其是物质文明和精神文明的高度发达，首饰不再是传统概念中的贵重稀有物品，而逐渐成为人们生活中的常见物品，甚至是某些地区、某些人群的生活必需品。

从狭义来说，珠宝首饰是用各种金属材料和宝石材料制成的制作工艺精良，且与服装相搭配的用于装饰人体的饰物。

从广义来说，珠宝首饰是用各种金属材料、宝石材料及仿制品和皮革、木材、塑料等综合材料制成的用于装饰人体及相关环境的饰物，其包括狭义首饰和摆件。

在传统的定义中首饰是指人们戴在头上的装饰品，后专指妇女的头饰、耳环以及项链、戒指、手镯等；在现代，首饰的定义更为广泛，泛指用各种材料（包括金属、天然珠宝、玉石、人造宝石，甚至塑料、木材、皮革等）制成，用于个人及其相关环境装饰的饰品。首饰概念的这种变化，其根本原因在于社会的发展、观念的改变以及人们对事物认识程度的提高。

因此，在现代设计中，标新立异的事物和个性化特征很强的产品更容易满足人们精神上的需求，获得青睐。

二、珠宝首饰的分类

（一）从发展历史角度分类

1. 传统首饰

传统首饰，是指那些在历史发展中，在设计风格上有特点，或某些与有纪念意义的事件相关联的特殊人物佩戴过，或有着其他意义以及有收藏价值的首饰。

传统首饰在大的概念上可以涵盖古董首饰，但如果从设计风格上来看，也可以理解为现代人设计的有传统风格的首饰，有人称“复古首饰”。

（1）传统首饰的地位。传统首饰材质的特点决定着传统首饰的富贵、价值，因此相比较其他服饰品来讲，它的装饰功能更能体现佩戴者的财富以及地位的象征。而一般老百姓只有在满足衣食住行的情况下，才会佩戴或拥有首饰，因此在一般人的眼中，首饰在服饰中占有十分重要的地位。传统首饰在人类社会中有着很高的地位，这是由于它本身的价值所决定的，但是它虽然是服饰的重要组成部分，却还是位于从属地位。由于等级地位的森严，不管是服饰还是首饰，都带有阶级的标签。古人的服装审美意识的影响贯穿了古代社会的始终，服饰除能蔽体之外，还被当作分贵贱、等级的工具，可以说是阶级社会的形象代言。什么样的地位、年龄配什么样服装、首饰都有严格的规定或者说是默认。首饰是作为特殊的装饰品以及服饰中最重要的一环傲立于世的，它的结构层次与水准，制约着服饰的文化内涵以及它所外现的文化品位（见图2-1 ～图2-3）。

图2-1　传统头饰

（2）传统首饰的工艺性与保存价值。考古学的研究表明，几乎每一种金属被第一次发现时，它最早的功能就是装饰人体。大约公元前5000年，古代埃及就已经采用金、铜材料来制作饰品。在古代欧洲，合金成为重要的首饰材料。17 ～ 18世纪，欧洲的首饰由黄金和珐琅工艺转向宝石工艺，切割方法日臻精巧，18世纪初，钻石最多可以切割成58个面。工业革命以后，机械制造工艺、电镀工艺和人造宝石合成工艺被用于制作首饰，其中多数用于服装装饰。而且随着经济基础的不断提高，首饰的制作工艺、材料以及造型相应也越来越丰富。传统首饰都是手工制作，造型繁琐、工艺精湛，多用金银、珠宝、玉石等珍贵材料制作。以首饰的加工工艺或冶制工艺的不同为依据，其工艺大致可分三类：①花丝工艺。以金银丝用堆垒、编织等技法制作。②镶嵌工艺。运用齿镶、包边、硬嵌等技法，将珠宝镶嵌在金属底子上。③素坯工艺。运用浇铸、打凿等技术制作。这些材质与工艺，使得传统首饰不可避免地成为财富与地位的象征。传统首饰的装饰性是

图2-2　传统点翠首饰

图2-3　传统头钗

依附于它的保存价值的。它的工艺越是繁复细腻、复杂精细，材质越是名贵，那它的装饰性也越强，被佩戴的概率也就高。有的国家因为首饰很强的保值性，将一些名贵的宝石也列入国家银行储备，充当起比黄金还要坚固的“硬通货”。正因如此，现实生活中，也有较多的人有珠宝首饰保值心理，将珠宝首饰消费作为一项特殊的“储蓄”。珠宝首饰相对小巧便携便存，而价值又极高，因此是用作“储备”的很好手段。比如藏族的民族特性：男女都很喜爱和讲究装饰，有的还讲究佩戴，他们广泛运用珠宝、金银、象牙、玉器、玛瑙来打扮自己，饰物佩戴部位是从头到脚，造型厚重繁复，家家都会把自家所有的首饰都带在身上，饰品更是越大越好，变成“贵”与“美”的体现，许多首饰更是家族代代相传下来。

2.现代首饰

现代首饰，是指在现代设计潮流的影响下，运用现代艺术设计理念，展开创意，具有现代形式视觉特征的首饰造型计划。总体而言，现代首饰设计是在社会文化、流行时尚、消费需求的基础上，在现代设计理念的支配下结合优秀的制作技艺展开的。现代首饰设计的主要特征是：追求艺术的完整性、艺术视野的广阔性，首饰表达的观念性、反思性以及民主性。民主性是指曾经作为身份和地位象征的首饰，被寄托精神情感、显示自我个性、体现思想文化品位的民主化首饰取而代之。

（1）现代首饰的特点。现代人的生活丰富多彩，人们更加追求独特的审美情趣。在日常生活中，人们会根据不同的场合环境佩戴不同首饰，只要佩戴得体，就能体现出佩戴者鲜明的个性。因此，人们对饰品的感性形态提出更多更高的要求。首饰设计师更是注意自己和佩戴者的沟通、佩戴者和社会的沟通。新材料的运用以及新概念的输入都使现代首饰有了充分的创造空间。现代人类对首饰多样化的需求，很难用一句话来概括现代首饰设计的流行趋势以及风格特征。从做工精细材质珍贵的古典首饰、现代感十足的仿真饰品到材料低廉观念至上的实验首饰，都各自反映出不同人的特殊需要，凝聚了不同人群的理想追求和价值观念。正是这种需要，使现代首饰艺术成为一种特殊的文化。

（2）现代首饰设计的主要风格流派。由于现代社会文化的多元化和频繁更迭，对现代首饰的风格很难加以具体地分类，一款首饰的设计常常综合了多种风格和表现手法，现代首饰进入一个风格多样化的时期。综合考虑各种因素，将现代首饰的主要风格大致归纳为新古典首饰、民族风格首饰、自然风格首饰、概念首饰和后现代风格首饰五大流派。

① 新古典首饰。人类似乎永远无法对自身的文明断情，复古的潮流几乎每隔几年就会卷土重来一次，甚至有些复古元素一直持续在现代生活中，并有愈演愈

烈之势。于是具有装饰主义的新古典首饰，这一与简单的、形式至上的现代意识流相悖的风潮也一直盛行不衰。新古典首饰，主要是指在造型上吸收、借鉴传统和古典式样，对符号、图案、纹样等元素进行变体重构。如古罗马式的装饰性浮雕、中国传统的窗花图案、哥特式的尖顶建筑以及原始部落的神秘图腾等都是这一风格的题材。新古典风格首饰的特点主要是结构繁复精巧，造型上蕴含古典元素，色彩华丽绚烂，工艺高超细腻，材料多贵重的金银珠宝，风格表现精致、华贵等（见图2-4）。

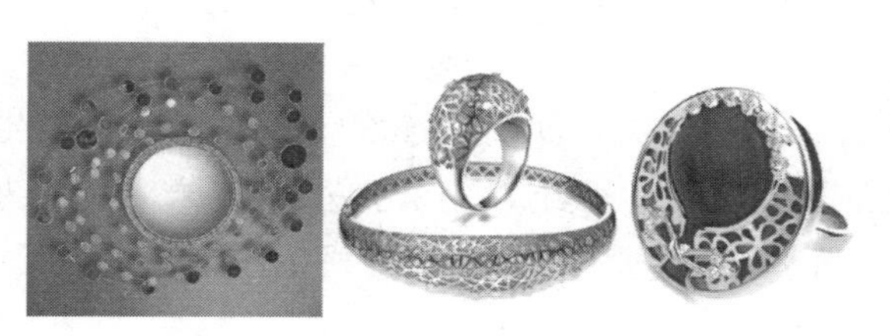

图2-4　新古典首饰

② 民族风格首饰。民族风格首饰，是指具有明显的地域特色和民族特色的首饰，在色彩、造型及材质上都能体现出一个地方和民族的印记。现代首饰中流行的“波西米亚风”“中国风”“印度风”等都属于对民族风格的强调。神秘独特的地域民族文化依旧吸引着首饰设计师的目光，他们乐此不疲地探索特色地域的民族元素，并以现代的形式表现在首饰设计中，给人耳目一新的感觉（图2-5）。

图2-5　Dori Csengeri民族风格饰品

③ 自然风格首饰。自然风格首饰，是指在设计中体现天然、原始的韵味，在情感上给佩戴者带来返璞归真、回归大自然感觉的一类首饰。大自然拥有最为丰富的形态、色彩、光影、肌理和线条，从大自然中寻找灵感是现代首饰设计最常见，也是最有效的手法之一。绚丽多姿的花朵、秀美的枝叶、充满趣味的贝壳、奇妙的斑马纹等，都是现代首饰设计师们的灵感源泉。在自然风格的首饰设计中利用取自大自然的造型元素、天然的材料、色彩、肌理等，来传递自然、安静、和平的感觉，展现大自然和谐的灵性美，使人们可以从中嗅到清新质朴的大自然的气息（图2-6）。

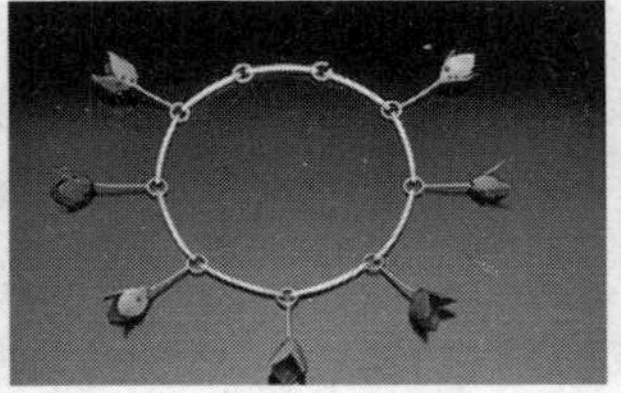
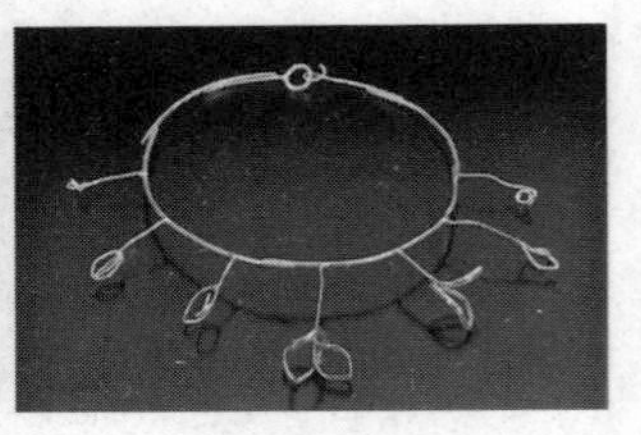

图2-6　hood自然风格首饰

④ 后现代风格首饰。后现代风格首饰是指在后现代主义影响下的一种首饰设计风格。其主要的特点：一是复古情结，这里的复古并不是对传统作品的直接复制，而是将从远古或近代的设计中提取到的元素等，与现代的技术和材料相结合；二是重“文脉”，即注重对地域特色和历史文化的传承；三是重装饰，注重细节上的精雕细琢，强调“多也是美”的观念（图2-7）。

图2-7　后现代风格首饰

（二）从功能性角度分类

1.商业首饰

商业首饰是为了商业销售而服务的首饰，商业首饰设计是为了成功的把珠宝首饰销售给客户，是为了追求利润，赚到钱。因此，商业首饰具有较强的社会功利性，是引导社会消费潮流的主要力量，商业首饰的特点是经济、美观、实用，装饰性强，符合大部分消费的审美需求。作为一种商品的设计，商业首饰必须遵循商品的规律，面对市场，因此，商业首饰考虑最多的是市场和经济原则，而首饰设计的主要目的是商品能够销售并且满足消费者的装饰需求。

现今社会，多元化观念已深入到现代人的意识形态，文化艺术领域中，首饰设计师选择多元化的设计方式也是大势所趋。商业首饰的创作群体是各珠宝公司的职业设计师、各小型珠宝工作室的个人设计师，以及具有熟练首饰加工技能且有固定客户群的工匠，这些人熟悉珠宝制作工艺，了解珠宝市场，对首饰设计多采取保守的态度，因此个性张扬的首饰很难在这样的环境中出现，与艺术首饰极强的个性相比，商业首饰以体现大众审美为主旨，以产品销售为衡量标准，因此设计出来的产品能获得更多青睐（图2-8～图2-12）。

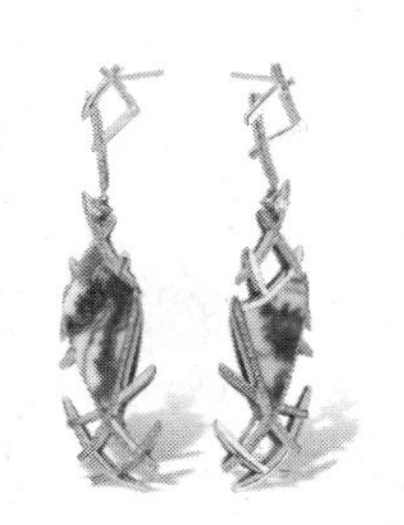

图2-8　萨菲拉古瓷首饰

图2-9　钻戒

图2-10　耳环

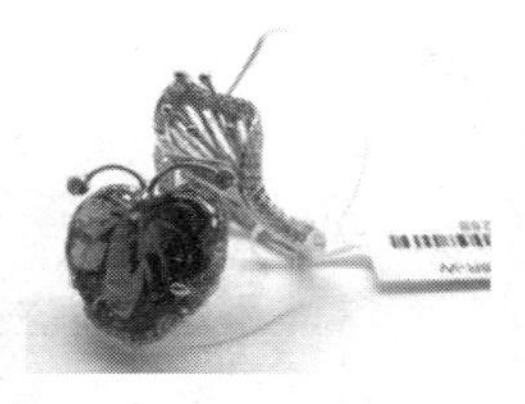

图2-11　戒指

图2-12　项链

商业首饰在中国发展了数十年，依然存在很多问题，例如独立的首饰设计很少见，基本是翻抄外款、改款模式，首饰设计处于被动地位，使消费者的要求主要体现在宝石和贵金属的价值上，于是乎，首饰设计就变成了宝石的排列组合，没有更多吸引眼球的地方。国外的商业首饰却是另一番景象：每到珠宝展期间，设计师会带着自己的设计图稿到展览现场与各珠宝商洽谈，推销自己的设计，国外很多设计师都曾为几十家珠宝公司设计过珠宝。这种创意设计模式与市场是紧密联系的，市场认可是他们设计成功的标志。中国的首饰设计正处于一个转型期，现在最需要的是具有前瞻眼光，具有扎实设计能力，熟悉市场，能够引导消费市场的首饰设计师。同时，杜绝抄袭、重视原创、创立自己的独特的设计风格，是国内珠宝企业能够长足发展的重要因素。

2. 艺术首饰

艺术首饰是相对于传统商业首饰而言的概念，指在首饰创作过程中，通过对传统首饰观念的继承与变革，以及独特艺术语言的加入，逐渐摆脱传统首饰中材料的保值观念，拓展其原本单纯依附于人体的装饰功能，使首饰成为艺术表达的手段与载体，甚至成为有人体参与的概念装置艺术。艺术首饰关注的是首饰作品的艺术表现力和精神内涵。艺术首饰的概念不仅仅是单纯局限于可以看见、可以触摸的具体物质，其内涵已经扩展成为装饰或改造人体的艺术行为，进而成为人类表现自我、传达观念的媒介方式，甚至还是一种艺术观念、一种思考方式和生活方式。具体而言，它改变了一个人的身体，而且有可能通过改变一个人的身体而改变人类认知自身和认知外部世界的方式及关系。艺术首饰作为一个新生艺术

图2-13　可以佩戴的小型雕塑

图2-14　带有支架可陈设的胸针

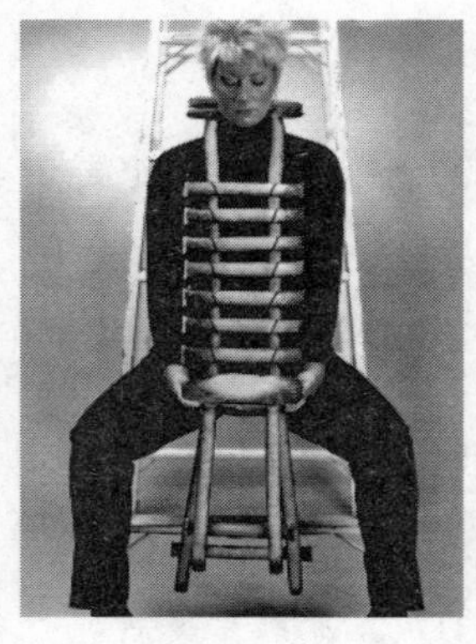
图2-15　“有人体参与的小型装置”类首饰

范畴必然有它自身独特角度的话语权。

艺术首饰不同于一般的商业首饰讲究美观、讲究佩戴舒适、讲究适合批量生产等。在艺术首饰的创作者看来，艺术首饰是概念的表达，是对首饰概念的重新思考与定义。在从事首饰创作的艺术家眼里，首饰不仅仅是为了彰显财富，也不是单纯的身体装饰。正是基于这两点的思想解放，使艺术家对于艺术首饰的创作缤纷异常。艺术家希望借助首饰这一载体，通过人的佩戴，实现艺术家思想情感的表达。

（1）艺术首饰的分类。艺术首饰的分类方法有很多，可以根据风格、材料、时代、功用进行不同的细分。但是艺术首饰作为一种独特的艺术媒介，与其他艺术媒介相比有着一个突出的特点——“人”的参与。这些作品不是单独的架上陈列，它要被人佩戴，有些作品只有通过人体的参与才能实现完整的语义表达与形式空间的完美展现。因而，笔者根据自己的实践心得将“人体”在参与艺术首饰表达过程中介入程度的高低作为艺术首饰分类的标准。将艺术首饰划分为可以佩戴的艺术雕塑和有人体参与的小型观念装置艺术两类。

① 可以佩戴的小型雕塑。艺术首饰的创作在很多艺术家看来已经作为雕塑创作的一部分甚至是当作小的建筑创作看待。艺术首饰作为一种艺术创作的形式，其作品必须具有独立性和完整性。在首饰艺术家看来，首饰作品虽然受到体积的限制，但是它们有着和大型作品一样的空间、结构、体重和三维透视的复杂性。它们是一件被安装了别针或搭扣的小型雕塑或微型建筑，可以单独陈设，这并不影响它语义表达的完整性（图2-13、图2-14）。

② 人体直接参与的小型装置艺术。当代艺术首饰领域，很多艺术家充分发挥了首饰的佩戴特性，将人体纳入艺术表达的过程中，丰富了首饰佩戴的形式和部位，将很多独到的观念借助“物—人—现场”加以表达。这种小型装置类的艺术首饰，被佩戴展示的时候，佩戴的人体就可以被看作是陈设首饰的“小环境”，而

人体本身的可移动性，又为不断变换“大环境”提供可能。小型装置类艺术首饰很好地实现了“物”“人”关系的直观表达，成为了当代艺术首饰重要的组成部分（图2-15）。

（2）艺术首饰的特征

① 功能转化——作为艺术精神载体与表达手段的当代艺术首饰。在当代的艺术首饰中，财富彰显功能得到削弱，装饰功能的重心也发生了变化，首饰的装饰不再仅仅局限于形式的美观，而更加注重的是主题精神的表达。首饰不再是依附于人体的简单装饰，而成为一种表达的手段。作为艺术首饰的创作者，首饰本身传达着艺术家自己独特的世界观、人生观，以及对于现实的观察与思考。当代艺术首饰不仅仅被当作一种自我个性宣泄的符号，它还会成为人与人之间达成更好沟通的信息和标识，成为促进人与人之间能够更好交流的媒介，而首饰设计师恰恰是这种信息交流系统中的建构者。首饰已经不仅仅是作为身体和服装的配饰而存在，首饰特有的存在形式导致它完全有条件成为一种独立的艺术门类而存在，成为人们表达思想和情感的媒介。

② 价值观念——由着重材料价值向艺术价值的转换。当代首饰艺术家们，他们对于材料的关注，不是材料自身的价格价值，而是关注材料本身的特质，寻找和挖掘各类材料的独特语言，以期尽可能地展现材料本身独有的魅力。在首饰艺术家的创作中，倾注了艺术家的思想与情感，让每一件艺术首饰作品成为了有独特精神内涵、承载着艺术精神和艺术价值的载体。这时候首饰的价值开始摆脱自身材料价值的制约而转向关注作品的艺术价值。艺术价值的高低成为衡量一件艺术首饰作品的重要指标，使得首饰艺术家们得到了空前的解放。这种价值观念的转变，使艺术首饰得到了足够的关注和发展。个性鲜明、主题丰富、艺术语言不断推陈出新的艺术首饰作品不断展现出来。

③ 生产形式——艺术家全程参与的手工制作。艺术首饰的创作中，手工的大量运用首先是艺术创作的必要手段，艺术家通过亲自的手工实践，实现艺术家与不同材料的对话，实现艺术家与作品间私密的交流。这种对话与交流是艺术创作必须的，也是赋予艺术首饰作品灵魂的关键。艺术家可以在制作过程中发现偶然形态的独特魅力并加以保留和运用，也可以随时根据效果调整自己的构思与方案。正是艺术家的全程参与，使得每件艺术首饰作品都具有独特的“艺术生命”。手工的艺术首饰，使艺术家的作品中必须有鲜明的个性和艺术语言，使得艺术家的风格得到了最大限度地发挥，“自我”的程度有了大大提升。手工制作，意味着艺术家以艺术创作的方式参与艺术首饰的完成过程，这种参与是艺术首饰区别于商业首饰的重要特征。

3.概念首饰

现今在种类繁多的首饰设计风格中，概念首饰作为一种表达使用者思想和情感的物品开始流行，这类饰品更加注重人与社会的关系以及人与饰品本身的互动。赋予首饰这一“身体装饰”以更深层次的涵义，使首饰与人体的结合有了新的内涵。概念首饰在功能上与一般的首饰不同，后者常常可以在日常生活中佩戴，具有装饰以及表达个性情感等作用；而概念首饰有的根本无法正常佩戴，或无法在日常生活中佩戴，这类首饰更像是作为艺术品而存在。概念首饰不流于精美的装饰、华丽的外表以及贵重的材质，它强调的是对思想和情感的关注，并借此来表达设计者的意象和观念。它的特点主要是：追求民主个性，强调首饰的寓意，反对“纯艺术”。

图2-16　为美国沮丧

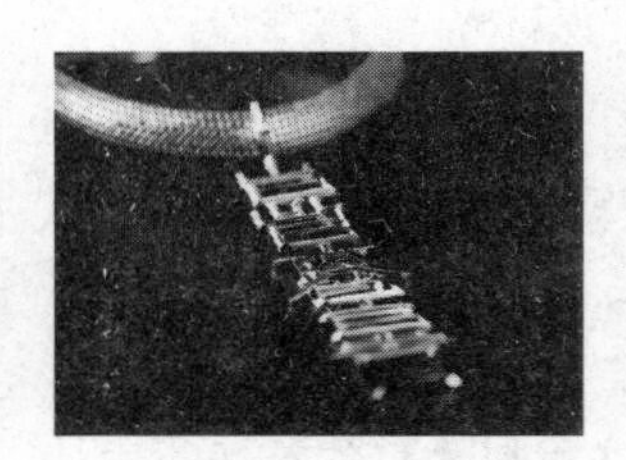

图2-17　失败因成功

（1）概念首饰的分类。从艺术家对概念首饰创作的动机和主要表现目的、侧重点来看，概念首饰可分为三种类型：表达艺术家情感、思想理念及人文感受为主要目的的概念首饰，探索新材料的运用以及新制作工艺为主要目的的概念首饰，追求新的形式美感与结构创新为主要目的的概念首饰。

图2-18　关于永恒的思考

① 表达艺术家情感、思想理念及人文感受的概念首饰。概念首饰最先承载的就是这些情感和思想理念的因素。人类的情感从社会性上分为两类：追求自由的情感和扼杀自由的情感。艺术情感是包含社会历史内容的个人情感，又包含个人的独特的情感。人们用冷静的理智去理解情感。艺术中思想和感情是融合为一，认识与情感不可分割，思想支配和制约情感。艺术情感是超功利的审美情感。从历史过程来看，人类的审美情感是在功利的母腹中孕育起来的，非功利的情感隐含着功利的因素。从社会性质来看，非功利的情感是以功利为基础的。艺术情感是不可言传的情感，根本原因在于情感和语言的“互不对应”。艺术表现的情感是情感的具体状况，语言只能表达情感的概念。此时，借用一种物质媒介来传递情感会比语言更有力量（图2-16～图2-19）。

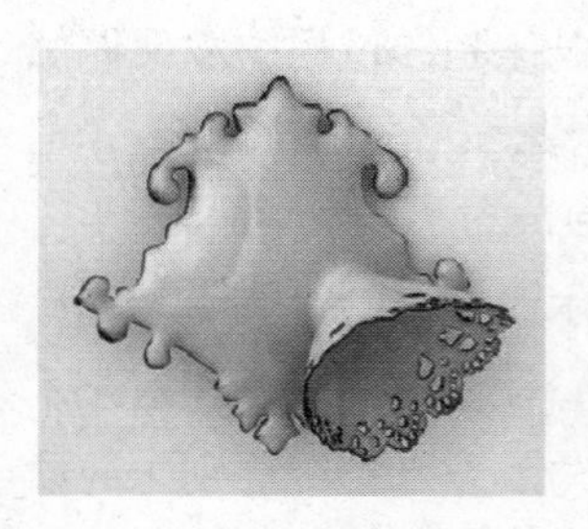

图2-19　女性地位

② 探索新材料的运用以及新制作工艺为主要目的的概念首饰。概念首饰除采用以上传统贵重首饰材料外，还会运用到其他各种类型的材料，比如铜、钛等非贵金属、人造宝石、木头、珐琅、陶瓷、布料、纽扣、塑料、玻璃等材料，体现了概念首饰的实验性。概念首饰在各种非贵重材料运用的研究大部分都是在非商业环境中进行的纯艺术性探讨。比如纤维材料极具亲和力的特性，充满人情味的情感语言得到概念首饰设计师的青睐和关注，纱线、织物面料等材料的运用，可以传递微妙丰富的情感诉求，这些材料结合不同的工艺手法达到所需要的视觉效果（图2-20 ～图2-23）。

③ 追求新的形式美感与结构创新为主要目的的概念首饰。概念首饰的创作过程中，因为出发点的不同，可能作品呈现不同的侧重点。为表达思想理念时，制作工艺和材料以及设计的形式美感都要为理念的表达服务；而在对制作工艺与材料的追求中，往往又会变换出不同的艺术表现效果；同时，在追求独特美感和结构创新时又需要绝对的制作技术及材料支持。当然，很多作品当中，三个侧重点都能同时兼备浑然形成一体（图2-24 ～图2-27）。

图2-20　彩色铅笔头项链

图2-21　Dania Chelminsky 黄铜与木质作品

图2-22　碳纤维手镯

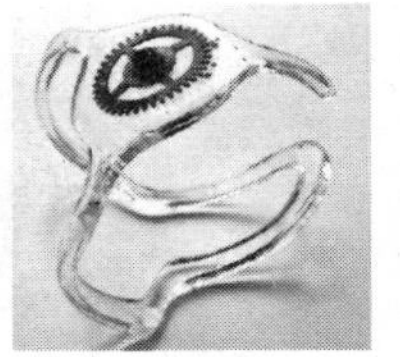

图2-23　有机材料手镯

图2-24　塑料感戒指

图2-25　机械感戒指

图2-26　小机器人珠宝

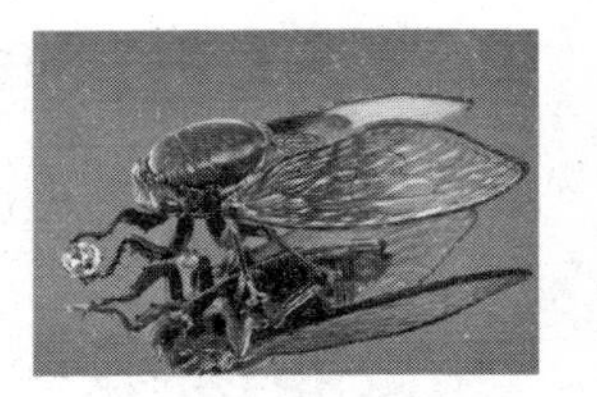

图2-27　蝉

（三）其他角度分类

1. 个性化首饰

个性艺术化首饰主要指当代一些专门从事首饰行业或其他设计行业的设计师，为了设计的需要，通过在新型材料的研发、首饰款式的创新、佩戴方式及首饰功能的突破中来表达内心的某种情感或观念，使作品在视觉上给人耳目一新的感觉，并能够产生一定的共鸣。在创作中设计师们更多地把自己定位为启发思维的艺术家，刻意与传统首饰、大众时尚保持距离，用一种反主流的姿态表达个性。

在设计上风格是设计师在认识各个民族、各个流派、各个时代的过程中形成的，是设计师经过长期研究后形成的审美与表达，表现在首饰上，代表不同的个性、修养，设计师在构思、选材及加工工艺等诸多方面从事了大量实践，积累了大量经验，形成自己的独立意识，能很好地理解佩戴者的心理、情感，通过对个体各方面的研究，结合自身的艺术修养，设计适合个体的首饰，表现个体的思想、内涵。人们在经历了各种追逐之后，重归平静，渴望内心的安宁与情感的归依，个性化首饰设计作为一种文化，包含了很高的综合素质，能够表达情感，这一特征恰恰适应了人们重视内心的要求（图2-28 ～图2-32）。

从事个性化首饰设计，佩戴者也是一个重要的因素。不同人的气质修养、生理特点各不同，根据佩戴者的年龄、职业、形体、肤色、气质配合服装特色设计的首饰才符合个性化设计的要求。佩戴者的性格倾向直接决定了他（她）所偏爱的首饰风格。首饰是最能体现文化气质的高雅饰物，首饰与服装在款式及颜色上

图2-28　3D打印个性化首饰

图2-30　挪威设计师丽芙 · 普拉柏颈饰作品

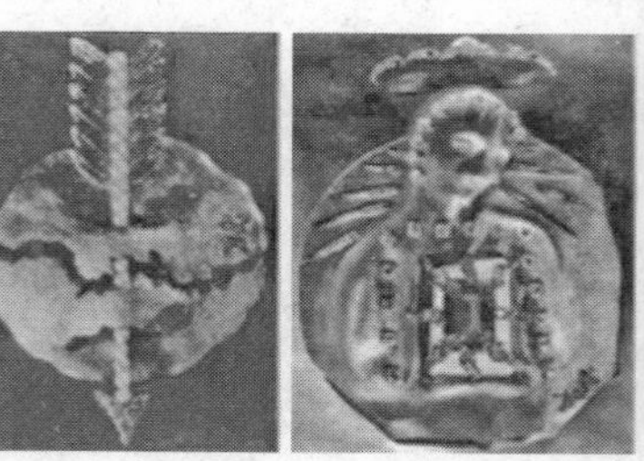
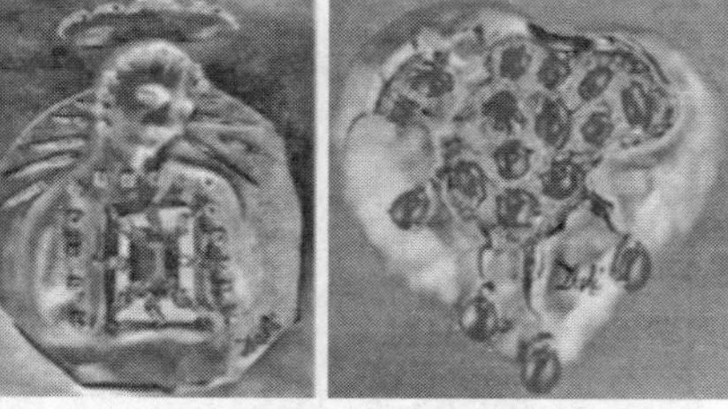

图2-31　西班牙超现实画家达利作品

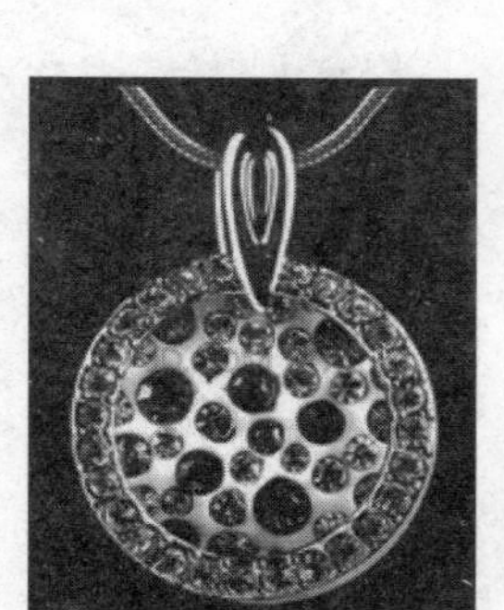

图2-29　法国IDee艺术首饰

图2-32　玛丽娜西迪科夫戒指系列

的合理搭配，能起到超凡脱俗的装饰效果：不同职业、不同爱好、不同时代、不同场合，人们所选择的服装服饰、穿着习惯均对首饰的个性化设计有重要影响；首饰的个性化设计是一门综合型艺术，除了要考虑宝石及首饰造型所具有的特殊内涵之外，首饰佩戴部位，尤其是脸部，作为首饰直接衬托的对象，其特点很值得注意。选择合适的首饰，可以起到突出优点、弥补不足的饰美效果。

个性化首饰充分融合了设计师的风格、佩戴者的特征，比起商用首饰来，个性化首饰没有大批量生产的麻烦，创意具有更广阔的空间，代表着独特的性格，是人们追求个性、讲究品味、重视自我的表现。在商用首饰有一定发展的今天，人们的眼光、水平有了很大的提升，个性化首饰已崭露头角，并向着蓬勃发展。

2.工作室首饰

工作室首饰则是指那些由艺术家或设计师设计、由个人或小型集体工作室或工厂制作的、小批量的、有独特设计风格的、能满足市场上部分消费群体需求的首饰。由于艺术首饰作品通常在“工作室”而不是在工厂里被制作出来，有很强的原创性以及手工性，大部分作品都是“孤品”，不适合大批量生产。因此这一类首饰通常也被称为工作室首饰。当然，工作室首饰有时候也包括一些小批量的、具原创风格的首饰“产品”，这种情况下，艺术家一般兼为设计师，自行设计并制作首饰，或聘用个别技师进行部分产品的加工制作。在商业环境的操作下，有许多艺术家都把自己的设计制作成小批量生产的产品。因此，在市场上就有相对稳定的消费群体，通过画廊销售或参加各种比较成熟的手工艺术展览会、艺术节或首饰博览会销售。如在美国手工艺术委员会每年几度举行的展会上，许多设计师展示并销售自己的个性化首饰作品（图2-33、图2-34）。

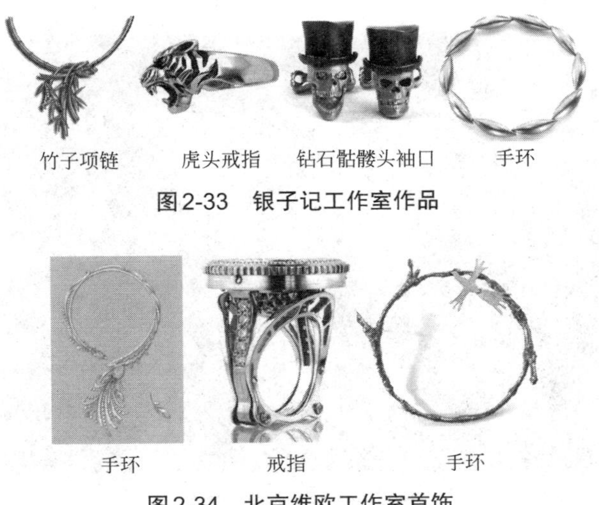

竹子项链　虎头戒指　钻石骷髅头袖口　手环

图2-33　银子记工作室作品

手环　戒指　手环

图2-34　北京维欧工作室首饰

大多数的个性化首饰的制作都是由工作室里的设计师和技师制作完成，因此有时人们也称这种小型工作室设计制作的首饰为工作室首饰。通常这种首饰设计原创性强，能够比较灵活地满足消费者对个性化饰品的心理需求，这些消费者在生活品质上有较高要求，有一定艺术欣赏能力及经济能力。

总之，从设计者的想象力和首饰的用途方面可表现出各种各样的意义和效果，从首饰的各种形状和佩戴上表现出首饰与人们的生活紧密相连。高贵而华丽、精美而艺术的各类多姿多彩首饰已深深地受到人们的青睐。

三、珠宝首饰的流行趋势

时尚是一个永恒的话题，而珠宝首饰为时尚代言更是无可厚非。珠宝首饰的发展也受时尚潮流的影响，它们形影不离，在人们生活中占有很重要的地位。

珠宝首饰的流行趋势主要表现在以下几个方面。

1. 钻石

钻石代表永恒。事实上，钻石是世界上最坚硬的自然物质，长久以来是女士们梦寐以求的礼物。随着钻石的产量日渐减低，它除了有装饰作用外，更具备投资价值。近年来，欧美、日韩和港台等国际时尚前沿国家和地区，钻石消费已越来越呈现高色低净度的趋势。高色低净的钻石与高色高净的钻石，裸眼的视觉感差异并不会太大，但价格很可能相差5万元，消费者更倾向于购买前者。

图2-35为泰勒伯顿钻石，这颗梨形钻石是好莱坞传奇影星理查德·伯顿为爱妻伊丽莎白·泰勒花110万美元买下了这颗钻石作为40岁生日礼物，给它重新命名为“泰勒伯顿”。

图2-35　泰勒伯顿钻石

2.铂金

铂金首饰内敛奢华，具有纯净、稀有、永恒的固有特点。铂金与钻石的完美搭配，更能彰显铂金高贵的气质。在珠宝首饰专柜，人们常常会把铂金首饰作为饰品的首选（图2-36、图2-37）。

3.K金

K金首饰设计有继承，也有创新，其中造型时尚、用途广泛的K金首饰逐渐成为一种消费时尚。与纯金饰品相比，K金首饰的硬度和可塑性更强，能够制作出更为精美的珠宝首饰。同时，首饰设计师也紧跟时尚潮流，将新鲜的元素融入首饰中。

图2-36　卡地亚铂金对戒

如Cartier三环戒指（图2-38），三枚环圈，三种颜色。三色K金紧紧相扣，交汇融合在一片和谐与神秘之中。路易·卡地亚（Louis Cartier）先生于1924年设计出这枚划时代的Trinity三色金戒指。三色金具有三种象征：18K玫瑰金代表爱情，18K黄金代表忠诚，18K白金代表友谊。

图2-37　宝格丽铂金戒指

4.翡翠

翡翠是一种具有丰厚文化底蕴的传统饰品，且对人体具有一定的保健养生作用。目前，色彩亮丽、寓意深刻的翡翠饰品深受消费者的喜爱。

图2-38　Cartier Trinity戒指

5.彩色宝石

彩色宝石不是指一种宝石，而是指由数十乃至上百种宝石共同构成的一类宝石。由于人类喜爱色彩的天性，彩色宝石正在国际范围内日趋流行。而且，由于彩色宝石种类繁多且价格分布广泛，因此彩色宝石能够为不同阶层和喜好的人们带来极具个性化的选择。

图2-39为卡地亚彩宝钻石火烈鸟胸针，该钻石胸针是温莎公爵夫人的最爱，象征着永不熄灭的爱情。火烈鸟造型生动，羽毛以长形切割祖母绿、红宝石、蓝宝石镶嵌，嘴部与眼睛以椭圆形黄水晶和蓝水晶镶嵌。

图2-39　卡地亚彩宝钻石火烈鸟胸针

6. 珍珠

珍珠文化源远流长，有史以来，珍珠一直象征着富有、美满、幸福和高贵。封建社会权贵用珍珠代表地位、权力、金钱和尊贵的身份；平民以珍珠象征幸福、平安和吉祥。在未来，珍珠首饰的百变风格将成为首饰界的一大看点（图2-40）。

图2-40 御木本（MIKIMOTO）珍珠首饰

7. 中性首饰

珠宝首饰从耀目、繁复的装饰性风潮变成走中性化和简洁路线，这些带有清冷感、装饰性稍弱的中性设计理念都来源于都市生活一切求方便实用的快节奏，以及工业时代对娇弱感的摒弃。

设计师预言，男性首饰在未来的整体面目将会是——保持阳刚气质的同时大胆偏向柔媚、温婉的中性气质。

8. 手工饰品

如今手工饰品已在珠宝首饰中占据了越来越重的份额。另一方面，手工饰品坊的人气爆棚现象，也从侧面反映出爱美女性对饰品个性风格的强烈追求。有理由相信，今后原创手工饰品风会成为时尚人群的主打风格。

第二节　珠宝首饰的功能

一、审美功能

首饰的审美功能如今越发受到重视。尽管首饰承载了许多社会性的功能，但是它最基本的审美功能还是不容忽视。首饰的审美功能是通过人的佩戴体现的，佩戴首饰一直以来都是人类特殊的审美体验，这种审美体验是多方参与的。首先，当这种审美体验由佩戴者自身发动时，它会产生一定的自我暗示作用，这种自我暗示会起到增加自信、满足自我表达的愿望以及达成自我肯定的作用，能唤起佩戴者个人在“身体性”上的自我奖赏机制，产生愉悦感。这种审美体验的结果甚至能在不需要佩戴者视觉参与的情况下达成。其次，佩戴者之外的其他人也能通过视觉的接触获得审美愉悦，甚至伴随产生认同或者羡慕的心理感受。现代首饰获得了前所未有的自由表现空间，开始追求纯粹的主观意象的空间构型，以期引导审美主体向丰富而幽深的感觉层次回归。这种对造型单纯审美意象的表现，使得现代首饰的审美功能越来越突出。

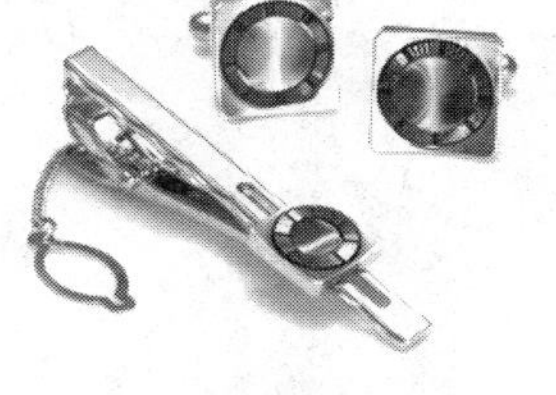

图2-41　领带夹和袖扣

图2-42　胸针

人们出于投资、收藏、馈赠等目的，在选购首饰时总会考虑它的款式、颜色等审美要素，尤其是在与服饰搭配的装饰性首饰中这一功能体现得最为突出，配饰品也逐渐成为人们日常消费的一大类，比如男士的领带夹、袖扣，女士的项链、胸针、手表等，都在很大程度上满足了审美需要。一些非贵重材料制作的首饰，如贝壳、木头、布、纤维、塑料等“廉价”材料制作的以及为了搭配服装而佩戴的“时装首饰”也逐渐被广大消费者接纳。如今，单纯满足装饰美化功能的饰品占据整个首饰市场越来越大的份额（图2-41 ～图2-44）。

图2-43　手表

图2-44　项链

二、纪念性功能

在人类生活中，有意义的特殊的日期或事件的纪念常体现在首饰中，如订婚及结婚戒指在恋爱婚姻关系中的作用就是相当有力的证明，虽然它是源于西方的一种纪念方式，但今天已经被东方人广泛接受。戒指的圆形象征着无始无终，象征着圆满，因此是寄托人们对美好婚姻的理想纪念品。另外，人们每逢生日、毕业典礼、退休、结婚纪念日等重要节日时也都会想到以首饰馈赠亲友，以纪念这些特别的日子。而当人们看到这些纪念物的时候也会勾起对往事的回忆，增加亲密、感恩等情绪。因此，这时候首饰所承载的乃是人与人之间的情谊，成为人们之间感情的纽带。

三、宗教、图腾崇拜功能

图2-45 情侣龙凤项链

图2-46 大象图腾胸针

图2-47 弥勒佛吊坠

图2-48 埃及人的蛇形头饰

图2-49 象征复活的古埃及圣甲虫

虽然我们无法确定人类历史上第一件首饰产生的原因，但我们可以肯定的是，它是人类最早期社会生活的产物。可能原始人类在日常生活中发现了某些让他们感到有意思的物件，如贝壳、骨头、石头、羽毛、树叶等材质，其中的色彩、肌理、形状等让他们觉得非常神奇或愉悦，进而赋予某种意义，如图腾崇拜、巫术仪式、地位象征等社会功能。原始人类相信自然界中存在超自然的神秘力量，他们通过披戴羽毛、佩戴贝壳或石头类饰物来帮助自己获得某种超自然的能力，表达对美好事物的向往、对未知世界或神灵的敬畏等情感，进而延伸至作为部落图腾如鹰等的崇拜仪式。首饰在图腾崇拜、祭天祈福、庆祝丰收等仪式中通过各种表现形式参与社会活动。通过对身体某些部位的穿孔、涂鸦或佩戴饰物等手法，原始部落的人们表达对自然、社会关系等的理解与维护。人们将某些饰物作为护身符等用来吓退邪灵或死亡，并期望带来身体的医治等。后期金属等材料的发现及应用带来了全新的首饰面貌的改变。金、银、宝石等的使用为制作配饰或敬拜用的神像等提供了更多的技术工艺及表现手法。

纵观历史，似乎世界上每个民族在发展过程中都经历了某些图腾崇拜或巫术仪式，甚至至今仍受其影响。如埃及人的蛇形头饰体现了埃及人对蛇的神秘力量的惧怕及崇拜；中国人对龙、凤等的图腾崇拜（图2-45、图2-46）；亚述人发展出来的复杂的星象学表现在用不同的宝石象征不同的星体；而佛教中对菩萨、弥勒佛等的崇拜从古至今深深影响着现代中国人的配饰。因此，首饰的社会功能表现在不同的社会文化、宗教仪式中，或者说，在人类社会发展中的不同阶段、不同层次、不同文化背景中，首饰都扮演了非常重要的角色（图2-47～图2-49）。

四、艺术表现功能

艺术家们在创作中通过对自然、人性、思想、材料、工艺等的探索，传达信息、疑问、挑战、求索的思想情感。正如油画布和颜料之于画家，金属、石头等各种材料对于首饰艺术家来讲，也是表达思想、抒发情怀的媒介。因此，首饰在某种程度上已经超越了传统观念赋予它的功能和价值，成为纯粹艺术的表现形式，这在现代首饰中体现得最为彻底。此类首饰通常被定义为“艺术首饰”或“概念性首饰”，这在之前已有阐述。

艺术首饰的创作要解决的不是市场、利润、能不能佩戴等问题，它所关注的是触及人灵魂深处的思想等问题。它颠覆了首饰作为依附于人体而存在的配件的角色，将人体转化成为活动的画廊，流动展示作品的舞台，人体成为一个活动的展架或可以和作品互动的客体。有些概念首饰可能根本不存在实物，它可能是艺术家以光的形式打在模特身上的影子，也可能是作者在人体上利用太阳晒出的痕迹，甚至是艺术家利用人体所作的装置作品。因此，与其将概念首饰归类为首饰，毋宁将其归类为“艺术作品”更合适（图2-50 ~图2-52）。

图2-50　装饰艺术

图2-51　Carl peter Faberge复活节彩蛋

图2-52　玉雕美女

五、象征、寓意功能

在人类社会生活中，通过时间和文化的积淀形成了许多具有象征意义的形式或符号。比如戒指、权杖、皇冠等（图2-53、图2-54），在许多社会中曾经或仍然是权柄的象征，首饰也曾经是皇权贵族的专用品，普通老百姓是禁止佩戴首饰的。在古代西方国家，古老的戒指上的符号象征了皇权、贵族徽号、特殊身份等，将戒指上的符号印在蜡封或其他物体上代表了独特印记或权势。沿袭至近代的西方学校为毕业生设计的带有校徽等标志的毕业戒指，象征了学校的荣誉，同时也具有纪念意义，引起心理的认同感和自豪感。钻戒已经作为“忠贞、爱情”的象征，被广泛用于订婚、结婚仪式，以示纪念（图2-55）；大部分社团、组织、机构也都有自己的徽章或标志，它们被佩戴在头上（或帽子上）、胸前、手臂上、手指上、脚踝上等。这些都是首饰所承载的象征性功能的体现。

图2-53　卢浮宫权杖

图2-54　伊丽莎白女王王冠

图2-55　对戒

现代首饰具有了一定思想和文化内涵。现代首饰在一定意义上超脱了传统的装饰美化的范畴，它需要表现出设计者或佩戴者一定的文化品位，表现出人们对人生的态度，这一点和现代艺术有异曲同工之处。它的表现内容是多方面的，有对大自然的向往、对传统文明的追忆、对现代文明的反思、对人精神层面的探索等，这种思想和文化内涵借助于文化媒介的功能是现代首饰艺术的一大特色。在欧美国家，首饰的设计和首饰的佩戴，日益成为一种文化、一种观念。设计师专注于创作的理念、意义和艺术造型的充分表达，而佩戴者则专注于所佩戴的首饰能否显示自我的个性、精神，以及兴趣和品位。同时，设计师也关心佩戴者和自己的沟通、佩戴者和社会的沟通。

在首饰设计中，许多动物、植物、昆虫、鸟、花也都因为不同文化赋予的象征意义而被广泛地用于首饰的设计，如中国的“玉如意”，经常雕刻有大量象征吉祥如意的植物花卉等（图2-56、图2-57）。现代首饰艺术家们也非常注重首饰的象征意义，他们利用首饰所承载的特殊符号或形式进行艺术表达（图2-58）。

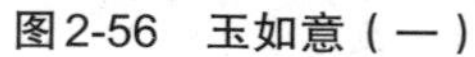

图2-56　玉如意（一）

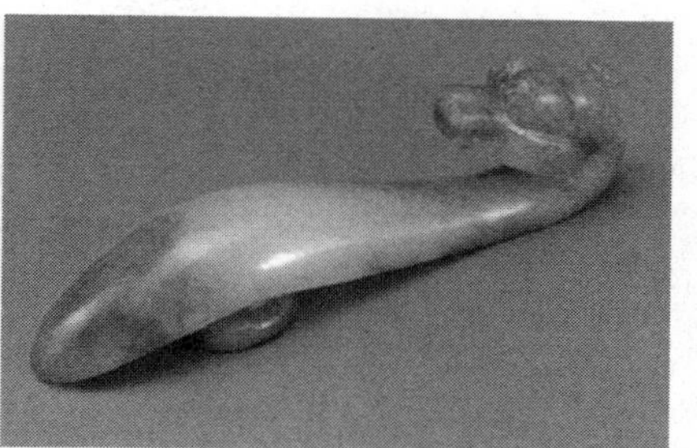

图2-57　玉如意（二）

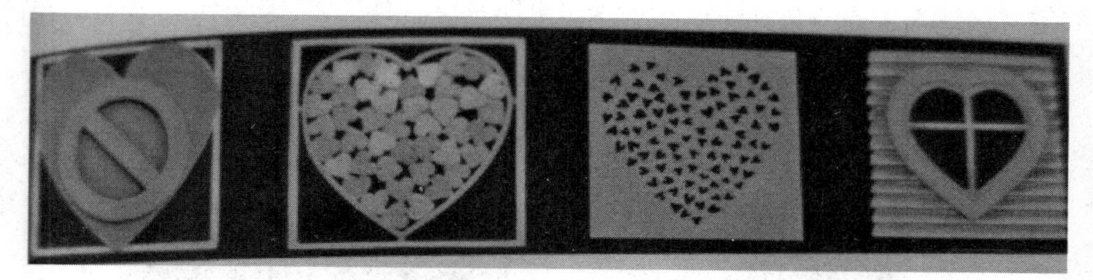

图2-58　美国艺术家Pat Flynn创作的心形胸针系列

第三节　珠宝首饰设计的思想

一、首饰设计的内涵

珠宝首饰设计是一个广义的范畴，它包含了符合现代艺术、现代加工业、现代商业及社会环境的各种首饰造型，是现代物质文明、艺术与科学共同结合的产物。

现代首饰设计思想以人为主，设计的过程是根据设计对象的要求进行构思，并绘制出效果图、平面图，再根据图纸进行制作，达到完成设计的全过程。

首饰设计根据材料的不同有两个不同方面的侧重：一种是重在原料的贵重和加工的精细。比如用钻石、宝石、珍珠、黄金、铂金等制作的首饰，这种首饰一般又可称为保值首饰，以珍贵取胜，原料的本身就决定着成品的价值，款式的变化相对来说居于次要地位。另一种首饰的设计主要侧重款式的新颖和独特的个性。因为常采用较廉价的如玻璃、塑料、树脂等原料，这种首饰一般又可称为时装首饰，以时尚感取胜。由于价格相对低廉，此类首饰又具有造型夸张、色彩鲜艳、款式更新颖等特点。

随着珠宝首饰佩戴的普遍化和人们审美水平的日益提高，人们对首饰设计也越来越重视。首饰设计不仅包含了设计师个人的审美与表达，同时还要针对不同首饰结合不同佩戴者进行全面考虑。设计师的设计风格是通过设计者的认识将一个民族、一个时代、一个流派的艺术特点表现在首饰上，代表了不同的个性、修养，适应不同的场合。

首饰设计首先要对人进行调查与分析，因为不同人的气质修养、生理特点会各有不同，设计师必须依据佩戴人的年龄、职业、形体、肤色、气质，并配合服装进行设计，这样首饰才能符合个性化设计的要求（图2-59、图2-60）。还应注意什么场合、与哪个季节的服装搭配，佩戴者的职业以及需要展示佩戴者何种性格特征、独特的气质和品味等，设计师应综合各方面的因素来考虑设计（图2-61、图2-62）。

图2-59 中老年人佩戴珍珠项链

图2-60 青年人佩戴珍珠项链

图2-61 春季花朵元素珠宝

图2-62 冬季雪花系列首饰

二、首饰设计的美学

（一）首饰设计的美学定位

在首饰设计美学中，形式美将设计所要表达的形象高度概括。形式美包括了形象、结构、色彩以及工艺。一般来说，那些形象典型、结构巧妙、色彩既对比又协调，三者缺一不可的首饰设计受到大众青睐。

首饰设计中，对形式要素和感觉要素都需要考虑。形式要素指设计对象的内容、目的，必须运用的形态和色彩基本元素；感觉要素指从生理学和心理学的角度，对这些元素进行精心地选择和匠心独运地组合。

任何事物都有所要表达的内容和形式的呈现，而内容必须通过一定的形式才能反映出来，两者是不可分割的统一体。在首饰设计中，内容常常体现在功能的特殊性上，从而也就铸造出特殊的形式，如戒指的指环状，就是为了适合于套指等。这就是说，形式与内容是相互转化的。艺术的形式美是人们创造出来的，首饰设计就是在掌握首饰特征的基础上，创造出令人目眩的形式美（图2-63）。

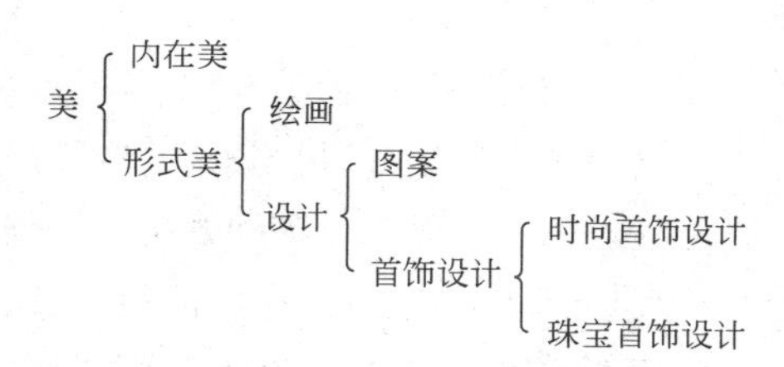

图2-63　美的构成因素简图

（二）珠宝设计的美学构成

现代设计产生于生产力发展、社会经济的进步以及人们生活水平的提高的现代生活背景下，这些变化启发了设计灵感，设计追随着现代生活的步伐，也将引导生活观念的改变。下面介绍几个现代设计特征。

（1）现代感。设计的现代感是设计师对现代生活的感受在设计工作中的体现。现代首饰设计在时间、空间高速改变的现代生活节奏下，不断地创新。当现代生活感受与思维形象联系起来时，就能产生有时代感的首饰造型。

（2）动态与静态关系。动态与静态具有辩证的关系，两者是相对的，并可以在一定条件下相互转化。动态是生命力的表现，反映在设计的形态上，主要有流线型和直线型，它体现着运动的节奏、力度和刚柔并济的美感。

过去把直线看成是绝对静止的认识是错误的，“飞鸟之影未尝动”正是对这种动极则静的形象描述。曲线与直线的巧妙结合，可以构成美丽的首饰设计图案。

面对纷繁复杂、快速多变的世界，现代设计非常强调节奏感、规律性和运动的单纯化，这是现代生活中心理平衡的要素，也是几何学向装饰转化的基本因素。

（3）空间。空间是使艺术造型生动起来的感觉形象，所谓意境，是空间感觉所造成的气氛和事物活动所产生的含意及情调。

设计造型，一般都是将有限的空间转化到心理上所希望的足够的空间，就实用的价值而言，这种空间是无限的。首饰设计是在方寸之地造型，因此，在构图的形式美上，也是分毫必争的。作为一个设计师，就是要将有限的空间转化为无限的空间，包括实用空间和心理空间。“疏能跑马，密不透风”正是这种利用疏密布局或组合，相对扩大空间的心理效应，可强化或暗示空间的造型。

（4）线条。线条是设计造型的基本手段和主要造型要素。一切物体的自然构成都没有线条，人们将自然形态转化为艺术造型时，“线条”是最早抛弃自然原形的创造物。设计图案就是通过线条来表述人对事物形态的认识，可见线条具有使非艺术转化为艺术的特殊重要功能。线的粗细、曲直、倾斜、刚柔、起伏、波动等，都可能成为情感的表露，文字就是最典型的、文化内涵最为丰富的线条（图2-64）。

图2-64　线条

（5）分割。画面分割，是从空间变化的角度提出来的。从设计学来说，分割的价值在于认识空间和运用空间。就造型而言，空间既可以分割，也可以不分割；既可以用直线分割，也可以用曲线分割。分割是一种手段，而不是目的，它的目的是获得空间的内容。

空间分割依赖于线的划分，主要有以下两种分割方式：一种是黄金分割，即按视觉最美的画面分割比例（1 ∶ 1.618）进行的；另一种是自由分割，它是扬弃自然具象，取局部形象的边沿线划定空间，其原则是要得到符合美的视觉效果（图2-65）。

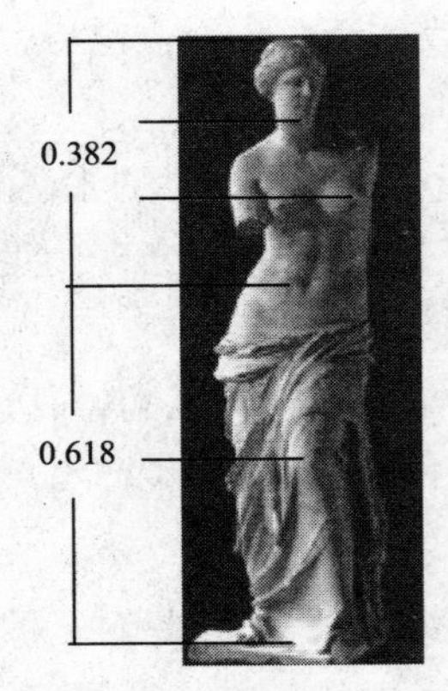

图2-65　黄金分割比例

（6）量块。量块是一种有重量感的形象图，是以几何形态为主、假三维状态的设计元素。采用量块设计有利于工艺施工和材料、结构的处理，在心理上有安定、结实、稳重感，造型上有整体感，有气魄，有分量。相比之下，点和线给人以轻巧感。量块在构成的性质上有均衡、静重、脆弱、柔软、挺拔、锐利、钝拙等艺术处理方法。量块也可以含有线型变化，使之产生流滑、韵律的曲面，如流线型的现代汽车车身设计。

（7）组合。组合不只是简单的“拼接”，从美学的法则来说，“组合”是一种感情上的联系。组合的形式颇多，如对称、重复、渐变、突变、对比、调和等。组合的作用可以达到显著的量变，而关键是质变，即内在思想感情的组合。只有这样才能成为有生命力的、打动人心的设计。多变的组合可以使设计条理化、系列化、配套化，其原则是变化而又统一。

（8）错视。错视是人们的知识判断与所观察的形态在现实特征中所产生的矛盾，形成的错觉经验。在生活中，视觉对象受到各种外来现象的干扰时，会对原有物象产生错觉变形。它有生理因素、心理因素及环境干扰因素。这种不正确的判断却可被艺术家巧妙地转化为形式美的一个内容（图2-66）。

在设计艺术为人服务的研究目标中，心理感应是现代设计的一个重要课题。高度密集的点或线的并列，可以产生光波与凸凹对比的效果，从而在一件首饰上显示出同种金属软硬质感上的差异。设计艺术中利用错视变形，丰富了构思的浪漫色彩，加强了形态的动感因素和刺激感，艺术的形象得到了美的夸张。

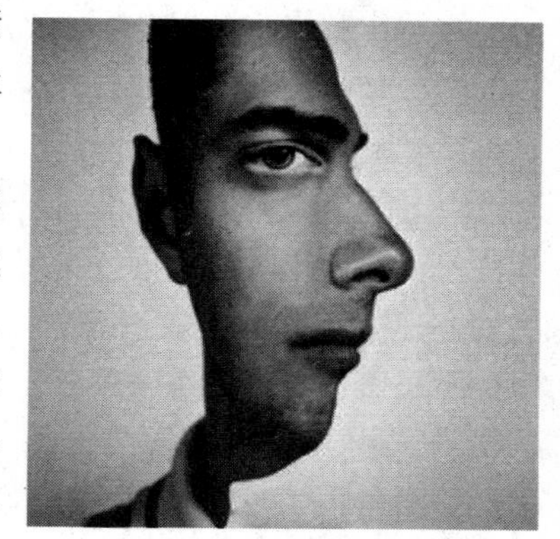

图2-66　错视

三、首饰设计的原则

（1）设计要符合目的，即适用原则。

（2）设计要和谐美观，一方面包括首饰本身各部分之间要构架和谐；另一方面指首饰与佩戴者之间是否表现出和谐美观。

（3）设计在最终变为实物过程中的可行性，包括所选材料是否适合于表现预期的实际主题，材料的加工技术和工艺要求是否达到。

（4）设计既要考虑形式要素，也要考虑感觉要素。前者指设计对象的内容、目的及必须运用的形态和色彩基本要素；后者指从生理学和心理学的角度对这些元素组合搭配的规律，最终都是为了给人美的震撼和享受的好的设计。

四、首饰设计的重点

由于首饰的独特性，特别是工艺手段对首饰设计有着相当重要的影响，所以在设计时要将造型、肌理、材料、功能、工艺、色彩等多种因素进行综合考虑。对于不同功用的首饰设计的重点是不同的。

（1）贵重珠宝首饰的设计重点。贵重珠宝首饰常被当作是一种投资，因此它的设计经常采用经典的风格。制作贵重珠宝首饰的材料价格相当昂贵，设计时需要花大量的时间和精力去琢磨它们的表面细节，考虑为配合材料的性能、形状和每一颗宝石的特点选择完美的镶嵌方式，每件首饰的细节、对比、比例和美感都要仔细考虑。贵重珠宝首饰也不必太普通、呆板，常会使用一些新技术使其具有独特的、个性化的风格。它可以具有现代感，但是不能是颠覆性的，因为它需要经受时间的检验。

（2）流行首饰的设计重点。流行首饰的设计在造型、色彩、材料与工艺的运用上更为大胆。为配合服装的款式、色彩和风格，设计师需要掌握更多流行资讯，将形状、颜色、图案进行有机地结合形成一定的视觉冲击力，达到新鲜、时髦并具有现代感的装饰效果。

（3）时装展示用首饰的设计重点。时装展示用首饰设计主要是指头饰设计。头饰设计在各种服装流行趋势发布会及时装表演中，是表现形象的重要部分。它占据头部空间，使头部空间向上或向两边伸展，可增强人们的视觉冲击力，同时也是服装设计的重要组成部分，是构成服装设计整体美的元素之一。时装展示用的头饰在设计时要根据时装的设计主题、风格来确定设计风格。例如，根据中国历代具有特色的服饰、少数民族服饰、纹样，或外国不同地域、不同时期的头饰特点，融入现代的人文思想、时尚元素和工艺材料，设计出具有怀旧意味的古典型头饰，搭配礼服时最具有表现力。常用于头饰设计的风格还有：取材于动植物的仿生型风格，随着“绿色服装”而出现的、取材于对生态环境保护意识的环保型风格，以及反映信息时代网络、高科技特点及对未来幻想的前卫型风格。

（4）其他设计重点

① 对工艺材料要有较好的认识。许多初学者往往设计出许多做不出或能做出但效果不好的东西，这大多是由于对工艺材料认识不足而造成的。所以掌握扎实的工艺材料知识以及与珠宝相关的技能，有助于对成品的最终效果有较强的预见性，以便于更精确地设计。

② 首饰设计要有主题。首饰的艺术性体现了设计者通过首饰向人们表达的理念、情感，这是首饰的内涵和灵魂所在，所以切忌堆砌，一定要有一个主题。

③ 首饰设计要遵循审美规律。一件好的作品，能给人以理性的思考、视觉的冲击，又像优美的乐曲。因此审美中的节奏感与韵律感切不可忽视。

④ 首饰与服装要统一。首饰是作为服装的配饰出现，并用来点缀服装，这就要求首饰与服装统一协调，而不能相互矛盾。要求首饰的造型与服装的款式风格要相得益彰，不能画蛇添足。

⑤ 夸张与实用要统一。要清楚首饰夸张的目的不是有损人体（如过于尖锐则成为利器、过重则不宜佩戴），因此夸张是建立在实用的基础上的，同时夸张并不意味着喧宾夺主、主次不分。夸张的目的是局部放大以取得更好的审美效果。

第三章

珠宝首饰设计的过程

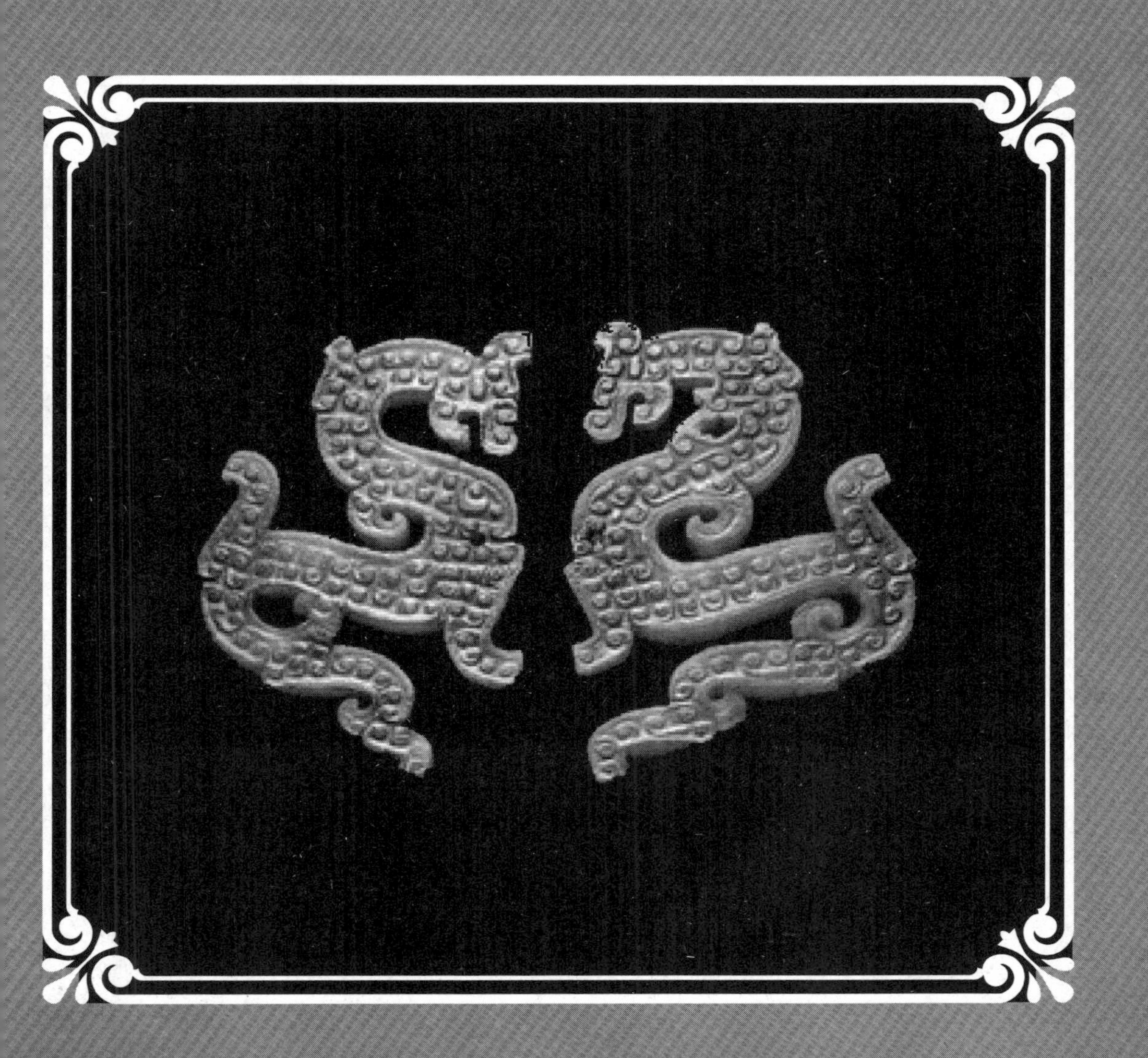

第一节　珠宝首饰设计的实践

一、实践的内涵

实践是设计最重要的目标体现，这里讨论的实践是指：珠宝首饰设计的创作及其完成的过程。这是每一个设计师最基本、最重要的体验，也是其目标最终的体现。无论已经从事珠宝首饰设计多年的设计师，还是新晋的设计师，都是通过实践来开展整个创作任务，并由此进行一系列的创意、思索、提升、改进等设计活动，进而向着既定的目标进发。我们的珠宝首饰设计师，在进入设计领域之前，或多或少都已受过关于这方面课程的教育，也许还有一定的实践体验。然而，这里探讨的实践更为专业，也更为系统，是以一个较为深入的角度来认识实践的内容、措施、方法、要求，把之前的知识运用于工作中，全面地完成珠宝首饰设计及创作的整个过程。

珠宝首饰设计的实践，是一种从感性认识到理性认识的过程，其中包含了由认知条件、对象确认、行为准备的感性认识阶段，再到形成创意、表述内容、呈现结果的理性认识阶段，如有需要，还会出现修改创意、变更表述、再现结果的循环阶段。而且每个阶段因设计师的能力不同，其过程的实施会不同。因此，实践可以完善我们的设计能力，还可以提高我们的设计水平，是珠宝首饰设计师极其重要的功课。

二、实践的基本问题

在实践中，需要注意如下几个基本问题。

（1）创造条件去多多体验。不少新晋设计师由于初入该行，无论是行为还是能力，都可能对珠宝首饰的认识和了解甚浅，不敢直接去体验，希望老师或前辈指点着慢慢切入，最好是从模仿他人的作品入手。这种想法可以理解，在一定的时期里也是需要的，但就实践的本身来说，这会影响你的实践过程及其质量。因为他人的实践和体会不能替代本人的实践与体会，而且这个过程会无形地导致受他人的思维模式、创作风格影响，形成影子式的实践程式。如果不控制这个过程的节奏，时间太长会不利于自己的实践质量。我们认为，亲身的实践比不敢前行更有价值，珠宝首饰设计本身就是实践的行为，只有通过大量的实践，你才能体会其内涵，才能帮助你快快进步。因此，要创造条件去多多体验，这个认识的越早，得益也就越多。

（2）在实践中多多总结。作为一项实践内容，通过大量的亲身体验会带来许多感受和经验，在这些感受与经验中，有的可能比较积极、正面，也有的可能消极、负面。对此必须及时地加以总结，不能看之忍之。不少设计师，经过多年的实践，本该很有作为，但由于缺乏总结，发现问题没有及时改进使进步的速度和质量不尽如人意。事实上，实践与总结的价值是同样重要的，没有实践不能获得感悟的内容，而没有总结则不能提升感悟的质量。因此，我们认为，在实践后的一定时期里，非常有必要及时进行总结，将实践中的得失提析一番，针对其中失误的、失败的内容，分析原因，看清根源，加以纠正；将其中正确的、成功的部分保留下采，作为进步的基石，不断积累，提高自己的实践能力。

（3）在实践时找对契机，找准角度。可能对新晋设计师来说，由于没有设计的经验，不管是契机还是角度，都很难发现。因为这个缘故，有时会导致不甚理想的实践结果，有的会走弯路，有的会浪费时间。那么，怎样找对契机呢？“机会是给做好准备的人”，找契机的时候必须有准备，要从思想、心理、行为上做到充分准备。契机就是时机，通常大家可以根据自身特点寻找契机，如对某类首饰（戒指或手镯等）比较有感觉，抑或对某些材料（黄金或铂金等）比较有兴趣，以此作为实践的契机，这样可以减轻思想和心理的压力，也容易产生动力。怎样找准角度呢？这同样要依据自己的认识来处理，如在学习设计期间，对珠宝首饰有较深入的理解，那就可以从结构较复杂的产品开始实践，反之，也可以从结构较简单的产品开始着手，这样可以建立信心，避免力不从心的感觉。

（4）在实践过程中要辨明方向，走对路线。我们在实践时，主观上都是向着理想的目标奔去，即设计出有创意、有风格、有市场的产品。但要实现这一目标，其路线图可能因每个设计师的能力与方法不同，而有所差异。问题是这种差异，如果与目标方向是一致的，那最终自会达到；可如果与目标方向不一致，那可能会南辕北辙。我们的同行中就有一些人，起初都是想成为一个有作为的珠宝首饰设计师，但对于怎样才是“有作为”的目标理解上，出现了一些偏颇。有的把目标定的不切自己实际能力而过于激进，有的把目标定的过于保守，最后，要么始终达不到目标高度，要么目标过低而作为不大。因此，建议大家辨明方向，确立一个个短期目标：即通过1～2年能实现的目标，达到后，再设立1～2年更高的目标，通过这种循序渐进的过程，最终达到心中理想的目标。

三、实践的关键问题

在实践过程中，切记不可盲目，要有目标、有选择地去进行实践。因此，关于实践方面的关键问题，有如下几个方面。

（1）找好典范，仔细体会。进入实践阶段，要根据自己的体验目标，找好典范。例如，以珠宝首饰中的单粒宝石镶嵌式戒指作为体验目标，那就要把戒指的典范作品挑选出来，从单粒宝石镶嵌式、主宝石辅配小颗粒宝石式，到四齿镶嵌结构、密集镶嵌结构；从对称形式、非对称形式，到单层式结构、多层式结构的产品中，寻找具有代表性的作品。通过观察，仔细体会它们的形式特征、结构组成、整体安排、组列秩序等，由此，寻出其中的规律，为自己提供有效的实践范例，这样就不至于走入旁门，不得要领。

（2）理解概念，深入分析。当确定进行产品设计实践时，一定要对将诞生的产品概念理解清晰。例如，是哪些消费对象（女性或男性）佩戴的，是用于哪些场合（婚庆或日常）佩戴的，适用于哪些人群（年老或年轻）使用的，适合于哪些地域（城市或农村）使用的。理解这些概念，是为了在设计时，充分考虑他们的消费特点与佩戴要求，进而帮助自己在设计中深入分析产品的形式和特性，有效地实施最终作品的表述，并达到之前的设想目标，防止在实践时因概念模糊，导致产品定位不够准确。

（3）积极思考，勤奋练习。许多时候，对一件作品的创作设计需要经过一番斟酌思索，而这个斟酌思索过程的质量如何，将影响到设计产品的成功与否。一些新晋设计师经常把自己的第一想法，作为最终的产品表达，而不经深思熟虑、积极探索，这样的作品完善度往往会比较低。正确的方法是：要提出几种方案，并把这些方案放在一起积极思考，将其中的合理之处进行优化组合，这样才能比较完善地表达出最终的理想作品。此外，要勤奋地练习这种实践过程，使作品臻于完美。

（4）反复比较，不断提升。在实践过程中，不管是在一件作品设计后，还是在一个阶段的设计后，都要反复加以比较。通过比较发现和认识自己的成败，以利于自身的设计方法提高与设计水准升华，这种比较的方法，既可以通过同自己过去的作品进行比较，也可以通过和他人的作品进行比较，或者通过与一些经典的作品进行比较。当你在比较过程中，看到了自己的问题和不足，那就表明你已经有了进步与提升。如果不能发现问题和不足，除非已经达到了相当的水平，否则，还得反思原因，找出其中的根源。同时也可以通过向同行请教，倾听他们的看法与分析，帮助自己认识问题的所在，让自己得到提升。

珠宝首饰设计的实践，是一个设计师长期的体验过程。从进入这一行起，就是一个相行相伴的行为，虽然在不同时期、不同阶段，其过程会有所变化，但这种实践行为的宗旨始终如一，就是为了实现设计师的理想目标，让每一件作品具有最鲜明的风格、最完美的形式，使其成为拥有者心目中最必然的选择。因此，设计师为之付出再大的努力，都是值得的。

第二节　珠宝首饰设计的准备

一、准备的内涵

准备是设计最需要的内容实施。本文将要讨论的准备是指在珠宝首饰设计过程中，所有对创作具有帮助或辅助作用行为的总称。常言道：不打无准备之战，不打无把握之战，准备对于成就一件作品或事情有着非常重要的价值。同理，要完成珠宝首饰设计任务，准备工作也有着特别的意义。当你要创作设计一件作品或一项内容，对其实施要求、作品内涵、目标结果不甚清晰，或无法深刻理解时，就不可能准确完成它，也不可能有所作为。要真正顺利完成任务，必须对其所有相关的内容有认知的准备，也只有做好这种准备，才能拟就方法和程序，并制定出可行的行为路径。由此不难看出，准备是设计过程中不可或缺的内容。

无论是对于新晋设计师还是成熟设计师，在设计之前做适当充足的准备都是极其必要的。只有做好充足的准备，才能完成更好的设计。对于准备而言，珠宝首饰设计的准备包括认识准备和行为准备两大方面。在认识准备中，有认知准备、内涵准备、思路准备；在行为准备中，有素材准备、工具准备、表达准备（图3-1）。

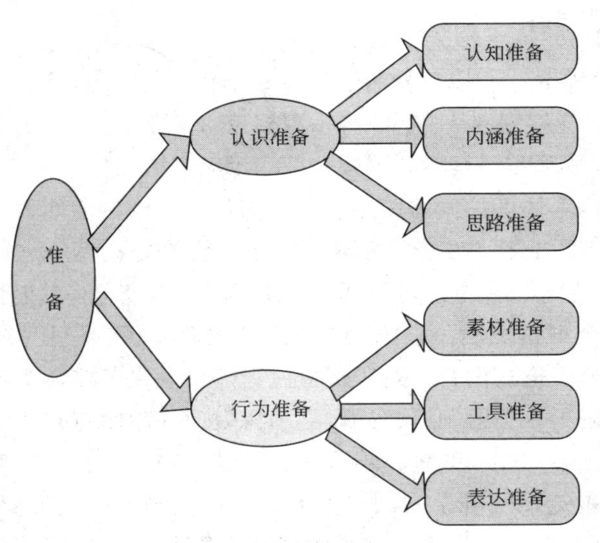

图3-1　准备的分类

二、认识准备

（一）认知准备

所谓认知准备，是指对表现对象的所有一切相关内容的了解和掌握。无论是设计什么产品或内容，在其进行过程中的第一步，就是全面了解和掌握与之相关的信息，如对象的性质、特征、要求等。这种信息越详细、越全面、越准确，对之后的创作设计帮助越大。例如，需要设计一件项链首饰，就要知晓佩戴对象的年龄层、职业类型、使用场合，在此基础上，要了解能够适配的材料、结构、尺寸等信息。若有特殊情况，还需掌握价格、习俗、时尚等特殊资讯。唯有如此，你才可以按这些对象的需求，形成作品的大体设想。

（二）内涵准备

有了作品的大体设想，设计师就要准备确定概念范畴，在范畴内，尽量把对象的需求全面地体现出来，此时，越是完整，越是合理，越是精准，那么，内涵便越是深刻。内涵准备是对认知准备的深化，它是把认知准备变成某种具体内容的过程，是将设计师要表达的意趣、情趣去匹配对象（佩戴者或拥有者）需求的一种行为，以此来赋予作品一定的表达内涵。内涵准备最大的困难是所需表达的内容过多，而能表现概念的载体有限。例如，在一枚戒指里，既要看到年龄层的明确，使用场合的适宜；又要感到作品品质的优异，作品价格的低廉。为此，设计师要学会突出重点、合理取舍，要有所为、有所不为。

（三）思路准备

对于思路的准备，可以分为两个部分：一部分是对整个创作设计准备过程的思考行为，即怎样规划准备路径，并设置相应的安排；另一部分是对准备阶段中的思考行为，即认知准备与内涵准备之后的相应思维安排。对于这种思路准备，主要是考虑怎样具体地把一件作品、一项内容，准确合理地表现出来，达到使用者或拥有者的理想状态。此时的思路准备，要在之前两个准备的基础上，去思考怎样策划最终作品的完美表现形式的内容。对于有实践经验的设计师来说，会在前两个准备之后，拿出一个或几个方案，供自己比较、整合、取舍，再策划作品的最终形式内容。对于新晋设计师来说，可能会遇到无从在较多信息和要求的基础上做整合思考，如作品本身表现的载体有限，要把所有的表达内涵容纳其中，不知如何取舍，不能达到比较合理的状态。对于这种情况，在思考时，有几种选择的准备方法供参考，一种是确定（按重要程度排出顺序）内涵后，对表现形式做出选择；一种是编定形式后，对内涵做出选择；还有一种是综合平衡，将内涵与形式各做舍取，然后做出选择。

三、行为准备

（一）素材准备

经过认识准备的阶段后，就需要在行为上开始进行积极的准备。如果说认识准备是思维性的，那么行为准备就是操作性的。所谓的素材准备是指对表达内容中涉及的相关材料进行处理的过程。由于经历了认识准备后，对表达对象（使用者或拥有者）的要求及形式有了较为充分的认识，也在思路上有了多种选择，在此情况下，设计师应对有价值的信息和内容进行有的放矢的整合，需要使用哪些素材，必须及时收集处理，如文字、图案、纹样、标识、数据、色彩、材料等。对于素材准备过程中的整合，是需要花大力去斟酌的，因为它是设计中最基础的元素，也是作品最基本的细胞，它的多少、精粗、取舍将直接影响作品的效果。我们曾见到过一些新晋设计师对素材往往不做斟酌，要么毫无选择地纳入，要么不得要领地拿取，结果使作品繁乱一团，抑或苍白一片。事实上，好的素材准备是将它们按重要性进行排序，设计时根据需要进行调节，要多则多、要少则少。同时，还需要对素材本身进行加工，如色彩、比例、数据按作品的特点给予修整，让素材成为作品表达的基础。

（二）工具准备

工具准备是指设计表达的媒介和用具。随着设计表达的方式与方法的多样性，其表达工具也呈多样化，如有传统的线插法、彩绘法，也有电脑绘图法、电脑制样法等。在选择某种表达方法时，应该对它涉及的用具或装备有所准备。对于传统的设计表达方法中的相关工具，可能大家都比较清楚，如果在学习珠宝首饰设计时有一定基础，那么对自己常用的工具及材料是不会陌生的。无论是纸（卡纸、比例纸、水彩纸等）、尺（直尺、比例尺、模板尺、曲线尺等）还是笔（铅笔、水笔、针笔、水彩笔、颜色笔等）、圆规、色卡及工具书，只要是自己熟悉和方便用的，都可以采用。如若使用电脑表达的话，对其软、硬件的操作性能要熟悉。有人问：传统的工具好，还是现代的电脑工具好？从理论上说，两种工具都不会影响作品的最终质量，只是在不同的场合，它们的效果有所差异。例如，在某些珠宝首饰设计比赛中，可能电脑绘图的效果更强烈些，装饰性更佳；在生产制作时，传统的图稿可能更实用、更有效（特别是1 ： 1比例图稿更具有指导作用）。当然，有可能的话，对两种表达方式都应该掌握运用，这样可根据不同需要采用。

（三）表达准备

所谓表达是指作品的最终体现。通过一系列的准备，无非都是为了准确地、完美地、形象地将产品的设计内容表达出来。对于这一步骤，要注意好几个环节。关注表达内涵的重点有否偏离，许多时候，受准备过程影响或各种因素的制约，表达内涵不自觉地偏离了最初意愿，这是需要重视的。若出现这种情况。必须及时做出调整，一定要将内涵的重点予以突出 。关注最终表达素材选取是否得当，在准备素材时，有时数量或多或少在表达时会出现失衡，顾此失彼，这就需要在表达时，依据情况做出决断，必须精准地取舍或平衡，重要的素材可以优先考虑，非重要的素材可以及时排除，兼于两者间的要有所取舍。关注表达工具选择是否合理，如先前所说，不同的工具可以造成不同的表达效果，而这种效果是需要根据不同的场合与用途来选取。分析思路抉择是否正确，对于这个问题有人会问：什么思路是最正确的？我们认为，没有最好的，只有合适的，当确认了表达内容后，重要的是去选择合适的表达思路，任何一种表达思路都不可能是唯一正确的，也因此同一内容表达，不同的设计师会有不同的思路。可以这么说，表达的准备就是对各种因素、各个重点、各项认识做出一定的判断和选择，以此形成一种比较完善的、表达前的整合过程。

关于珠宝首饰设计的准备，已经做了一定的介绍，可能有的设计师看了后，觉得这种准备的意义和价值不是很大，况且在他们的学习设计课程中，没有特别强调这些。确实如此，许多珠宝首饰设计教材里，会介绍各种设计的表达方法和方式，可是对于在实际产品的设计中怎么来准确运用这些方式和方法，往往语焉不详，使一些新晋设计师在企业里无法把握产品的设计需求。事实上，珠宝首饰设计师的成功作品都是在大量准备的基础上得以完成的，台上一分钟，台下十年功，这种功夫一定包含着坚实的准备工作。也因此，许多有作为的珠宝首饰设计师在设计产品时，准备的时间大大超过了表达的时间。如果你过去不曾对设计前的准备有所认识，那么现在应该重视它。

第三节　珠宝首饰设计的生活素材

一、生活素材的内涵

任何设计都是以某个产品或某项内容为目标，通过这些产品和内容来体现设计师的创作智慧，展现充分想象。可是那些智慧和想象是来自于哪里呢？按照人的思维规律来说，只有在对客观生活及世界深刻认识的基础上，产生感悟并结合自身的能力，形成特定的思维表达，最后才能创造出相应的产品或内容。

依据这个规律，珠宝首饰设计师同样要从客观生活及世界中去寻找表达的元素，运用自身的思维能力表达对它们的认识和感悟，创造出具有一定价值的作品或内容，成为人们愿意接受和使用的产品。同时，为了让作品或内容产生广泛的影响力，必须从大多数人的生活出发，去表达他们熟悉并认可的生活价值和文化意义，引导和满足他们的追求渴望。

从珠宝首饰设计的实践来说，要达到这一目标，非常需要我们对周遭的生活予以关注和重视。大家知道，珠宝首饰作为人们生活的一部分，虽然比之生活的必需品（吃、穿、行用品）不能直接产生物质性的感受（部分实用型增饰除外），但从精神层面还是会对生活产生一定的影响，甚至成为较高生活水准的象征，且随着生活的不断改善、不断提升，对其追求的愿望会越来越强烈。因此，只有通过关注生活，才能发现他们的各种需求，包括愿望。

二、生活素材的搜集

素材是生活的点滴积累，水滴石穿，一个用心感悟生活的人，总是会有灵感的迸发。可以说，素材无时无刻不体现于生活中，素材的收集与积累就是更好地体验生活。生活素材的搜集，要做好如下几点。

（1）观察生活，勤于记录。艺术灵感不是凭空创造的，它需要不断地积累。过去，有些人喜欢以日记的方式记录生活见闻，写下个人的感受。现在，很多人利用网络平台，通过博客、微博等形式，展现生活中的喜怒哀乐，探讨评论全球各地的奇闻逸事。这种娱乐方式，也可以成为我们积累创作素材的一种途径。只有以大量素材为基础，灵感才能源源不绝。

首先，随身携带笔和本子，看到生动的图形就记录下来。人的阅历每天都在增加，这种变化是抽象的、琐碎的。我们尝试记录一些具体的人和事物，这对于艺术创作可以说是不可或缺的。

其次，记录梦境，开发想象。梦境是我们无意识的想象，也是我们创造力的表现之一。人们常说："日有所思，夜有所梦。"做梦是一个常见的生理活动，更是艺术创作的一扇门。对于触碰到灵感的梦中情节，要及时记录，及时思考。

（2）加强阅读，善于收集。除了生活的观察外，借鉴他人的作品及经验同样十分重要。在直接经验不够用的时候，我们可以多浏览一些作品，多看一些文字资料，通过间接经验的积累与吸纳，丰富自己的见闻。

首先，熟悉中外经典作品。世界历史源远流长，中华文明上下五千年，虽说现如今珠宝设计的最繁华地带是西方国家，但在吸收借鉴他国珠宝设计作品时，也要积极吸纳借鉴本国的优秀作品，所谓博古通今，我们要创作出好的珠宝首饰，就必须具备一定的文化素养，尤其是相关的经典作品。很多设计师在学习期间比较崇拜国外知名的设计师，进而熟悉了一些国外的作品、历史和文化。但作为中国的珠宝首饰设计师，更要重视祖国文化的发扬和传承，用我们的专业技能弘扬博大精深的民族文化。

其次，善于使用现代媒体。我们日常接触到的媒体有很多种，电视、报纸、广播属于旧媒体，电脑、网络、手机等称为新媒体。高科技伴随着年轻一代一起成长，每一天都会有海量的信息在网络上刷新，人们甚至在网络上建立了社交圈子，分享着不同的信息资源。我们应该留心有趣的、有改编潜质的作品与图形。

（3）勤于思考。对于生活中记录的点滴，不能仅以记录为终极目标。对于一瞬间所触碰到的灵感，我们应适时抽出时间进行适当的设计思考，只有这样，才能将生活中的点滴素材运用到作品的设计当中去。

三、生活素材的内容

每一种生活形态，都会造成一定的文化生态，由文化影响力在生活中烙上印迹。这种生活与文化的关系，是珠宝首饰设计师必须了解和研究的，设计师在这个问题上认识的差异，会直接反映在表达时的深刻程度上，一旦认识不足，设计的产品往往表达力较弱。为此，我们现在将其作为珠宝设计的步骤加以探讨，希望大家在设计实践中，自觉地提高这种意识，并运用于工作中。

（1）要在生活中感受人们的真实态度。作为珠宝首饰设计师，对于生活的感受，不应是常人的普通感觉、感知，而是要以一种强烈的责任感去捕捉、发现生活中人们的各种态度、方式、行为，用专业的眼光来判断产生的缘由，从中归纳、分析出人们生活的真实性，为创意设计汲取有鲜活感的、有价值的元素，特别要关注人们在生活中对珠宝首饰的感受。有条件的话，将人们对珠宝首饰使用的数量、场合、要求、价格等情况收集起来，作为了解、研究的基础，从而发现人们在生活中对珠宝首饰的真实态度。也可以通过销售资料来分析不同产品与不同人群的关联，并把这种关联提升到有运用价值的范畴。总之，在生活中要有目的、有重点地去感受人们与珠宝首饰的关系，以及这种关系的真实态度，掌握最准确的信息，提高判断能力。

（2）要在生活中发现人们的观念。作为珠宝首饰设计师，在感受生活时，不能仅仅是一个资料的收集者。即使这项工作有着极大的意义，但我们还是认为，在此基础上，还得对这些信息做进一步的研究，即它们为什么会如此？在这些信息的背后是怎样的理念在操控？如果能进入这个层面，也许就能发现生活的一些本质。每个人在生活中使用珠宝首饰，都是受自己的理念支配和驱使，不同年龄、不同职业、不同地域的人群，都会显示出不同的观念，这种观念就是他们生活本质所在。不同经历、不同环境，会形成特定的价值观，通过这种价值观去影响他们对于珠宝首饰的认识和选择。如若掌握了这些生活观念或价值观，对创作设计无疑有着重要的作用，同时也能提升自己的思辨水平。

（3）要在生活中领悟人们选择的真实意义。作为珠宝首饰设计师，在感受生活时，不能缺乏对生活真实意义的感悟。为什么人们在不同的生活阶段会选择不同的珠宝首饰？这个时期的社会发展与珠宝首饰形成怎样的关联？在寻找这些问题的答案时，要对这些真实的意义有所感悟。例如，如今人们在结婚时，都会选择一些婚礼珠宝首饰，作为常人，会觉得这是很普遍的现象，无需知道背后的真实意义。对于珠宝首饰设计师来说，就需要寻找背后的原因和意义。作为人生的重要时刻，结婚对于任何人都有着非同一般的意义，为了留住这段光阴，虽然不能将时间凝固，但可以通过某种物质给予记载，而珠宝首饰可以满足这种需求。例如，Darry Ring男士凭身份证一生仅能定制一枚，寓意：一生·唯一·真爱。其实，在生活中此类现象比比皆是，就看如何去发现和感悟。若大家能有此类感悟，那对设计实践将会产生莫大的帮助，你可以发掘出各种各样的丰富创意。感受和领悟生活的现象、本质及意义，旨在提高珠宝首饰设计实践中的表达性。珠宝首饰设计师不是生活的旁观者，而是积极的参与者，要给生活中的人们带去他们熟悉和接受的文化价值与作用，并持续提升他们的文化自觉性，使作品拥有良好的生存环境，这是珠宝设计师的价值所在。因此，在设计实践中要把这一步骤落实好、执行好。

（4）要在生活中寻找人们的文化生态。因生活而成的文化生态是多种多样的，需要去寻找和研究。笔者曾在中外文化比较过程中，概括性地做了一些论述，现再做些补充。一些大公司的珠宝首饰设计师都有体会，当一款产品问世，放在不同的区域销售，结果是不尽相同的，其重要原因之一便是不同地域的文化生态。例如，内地一二线城市消费者较喜爱镶嵌类珠宝首饰，而三四线城市消费者钟爱黄金产品；东北地区较喜欢购买生肖首饰及平安锁，而西南地区，花形首饰及婚嫁龙凤镯则最受欢迎，此外，约四成南部消费者偏好设计时尚的钻石首饰。因此，有经验的设计师会积累经验，并针对不同的文化生态来设计产品，以提高产品的针对性。

（5）掌握生活中的文化要义。当寻找到文化生态后，要对这种文化生态的性质、特点、缘由做剖析，提炼出其中的要义。俗语说：“一方水土养一方人。”那么，这个水土里有些什么营养成分，可以养育这些人呢？为什么外人可能水土不服？如果能够分析出水土中的重要成分，那么，你设计的产品一定可以和那些适宜生活的人一样，生活得有滋有味。通过分析生活规律来掌握文化要义，是为了提高设计实践的质量。例如在设计新品珠宝首饰时，为了适应全国市场销售，在同一主题下，必须尽量根据自己掌握的信息，对不同区域的产品设计有所调整，在不能改变主题的情况下，可以对材料或重量，抑或规格做适当调整。此外，对一些文化生态特别讲究的因素要充分考量，对忌讳的、偏好的文化现象必须十分清晰。虽然，文化融合的趋势会越来越强烈，但不同民族、不同宗教存在的历史是不能改变的，它所产生的文化要义必须得到满足和尊重。

（6）表达生活中的文化内涵。作为珠宝首饰文化创导者和体现者的设计师，有责任和义务把人们生活中的文化内涵充分地表达出来，以引导人们通过珠宝首饰来展现多姿多彩的精神与文化需求。有人认为：寸厘大小的珠宝首饰，很难表达丰富而抽象的文化内涵。事实上，这是你还没有真正认识和理解生活的文化内涵，对珠宝首饰的文化领悟和表达还太浅。世界著名的香奈儿（CHANEL）珠宝首饰设计师CoCo在设计钻石首饰“彗星”时，曾对其作品的文化内涵做了这样的解说：彗星是美感、动感与自由的象征。她把这种文化内涵作为品牌珠宝系列的设计标志，用它来表达对生活和世界的认识。这就是珠宝首饰所拥有的文化内涵，虽然作品不大，但精致、深刻。珠宝首饰文化内涵有时是如此精简，可它的文化张力丝毫不弱。

第四节　珠宝首饰设计的眼界

一、眼界的内涵

眼界是设计最形象的境界展露。对于广大消费者而言，优异的、杰出的珠宝首饰一定会受到赞赏与好评，这一点在一些国际著名珠宝首饰中可以得到证明，无论是卡地亚的豹形钻饰（图3-2），还是蒂芙尼的花鸟首饰（图3-3），抑或宝格丽的珠宝佩饰（图3-4），都因其传奇、瑰丽、惊艳的设计而为人津津乐道。人们通过这些珠宝首饰，领略到了其中完美的艺术洗礼，得到了绝佳的视觉享受，以及难以言表的意境体验。由此，希望在中国珠宝首饰中也能出现此类佳作。可是，就现今中国珠宝首饰业的发展状况来看，距离这个目标还有不小的差距。这一方面是历史的原因，我国的珠宝首饰设计底蕴还不够深厚；另一方面是现实的原因，

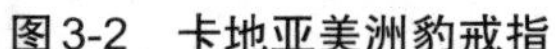

图3-2　卡地亚美洲豹戒指　　图3-3　蒂芙尼花鸟首饰　　图3-4　宝格丽灵蛇首饰

我们目前尚处在珠宝首饰发展阶段，不够成熟，还只是处于销售数量和性价比的追求中，不能达到充分认识和表现珠宝首饰的意境阶段。

这种情况告诉我们：既要根据实际状况，逐渐地改善这种不甚理想的面貌；也要进行设计理念的转变，树立对珠宝首饰全面、深刻的认识，真正懂得珠宝首饰的精神与物态关系，把精神层面的深刻揭示作为对首饰重要价值的探索，而不是把诸如材料、价格、数量放在首要位置。特别要培养设计师对于珠宝首饰意境的理解和认识，令其能高瞻远瞩地将自己的设计观念提升到一个崭新的阶段。为此，有必要探讨一下，怎样形成珠宝首饰设计师独到的眼界，去表现珠宝首饰的魅力，也作为珠宝首饰设计的重要步骤之一进行阐述。

二、设计师眼界的形成

对于设计师眼界的形成，主要有如下几点。

（1）摆脱现有的珠宝首饰传统表现观念。我们多次与一些珠宝首饰企业的设计师进行交流，在和他们的接触中，发现不少设计师都是以企业的盈利为产品设计目标，根据决策者的效益目标进行设计实践，而决策者的思路是：什么样的珠宝首饰利润高，就设计生产什么样的产品；或者，什么样的产品适合企业生产（这些企业本身不具备先进的设计理念与制作工艺而无奈所为），就设计生产什么样的产品。其结果是：设计师很少去考量作品本身的艺术规律，如表现的独特性、意境的深刻性、形式的原创性等。

当然，有些企业依照自身品牌的需要，不排除会创作一些上佳的作品，但就数量和意愿，大多数企业多半不会考虑。因此，造成市场上珠宝首饰同质化现象严重，一哄而上的情况普遍，只要哪类产品或工艺利润高或受欢迎，彼此都设计生产，然后进行价格战。这种现象虽然是由现今国情使然，但更多是观念驱使，因为企业的决策者和设计师，还没有摆脱珠宝首饰传统表现观念（直白的内容加材料的价值换取产品利润），没有自觉地按珠宝首饰的最终目标——丰富多彩的创意、别具一格的表达、生动惹人的意蕴来思考。事实上，我们非常有必要认清因传统表现观念影响造成的后果，应摆脱这种制约，为推进中国珠宝首饰的发展创造有利思想空间。

（2）建立珠宝首饰的艺术表达观念。一旦摆脱传统的观念，就必然需要新的观念取而代之。就我们对国际珠宝首饰业的观察和分析，成功的企业都将珠宝首饰设计视为艺术表达的方式之一，也因此，不少著名珠宝首饰品牌力邀有才华的设计师、艺术家加盟。例如，蒂芙尼聘请毕加索之女帕洛玛；香奈儿聘请拉格菲尔德为首席设计师；肖邦聘请格罗丝·舍费尔为设计总监。诚然，我们现在还无法采用他们的模式，但学习这种对珠宝首饰艺术设计的重视是很有必要的。

当珠宝首饰从一种物质表现，走向一种意境展现，由简单的财富感受，到丰富的精神愉悦，离开艺术是无法想象的。因此，需要建立珠宝首饰的艺术表达观念，从美学观点来说，由自然美迈向理想美，是需要艺术来完成的。德国思想家康德说过："艺术确能使整个人都认识到最高境界。"当我们拥有了珠宝首饰的艺术表达观念，那离创造珠宝首饰的最高境界已经不远了。

（3）树立高瞻远瞩的观察方法。所谓的艺术观念，就是用艺术的规律、方法来认识和判断事物的思维。珠宝首饰设计作为艺术表达之一，是需要这种规律和方法指导的。艺术作为人类认识世界独有的思维，它按照人们对于世界关照的程度及高度不同，而呈现不同的知觉与认识。因此，观察的方法极其重要，站得低，看得低，站得高，则看得远。作为珠宝首饰设计师，设计境界取决于眼界的观察广度与高度，如果要设计出脱颖而出的作品，必须树立高瞻远瞩的观察方法。

三、观察方法的掌握

为了帮助大家在设计实践中，能有效地掌握观察方法并作为珠宝首饰设计的步骤之一，下面就来探讨相关的问题和实施要领。

（1）正确理解概念。高瞻远瞩的含义是指，在珠宝首饰设计实践时，无论是观察事物现象，还是判断作品内容，都要比常人、比消费者眼界高远。例如，在观察各类生活现象时，能发现比别人更多、更深的信息，像特别的习俗、传奇的故事、珍贵的史料等，这些信息本身的价值就无与伦比，对于创作有着极其深刻的影响。对于作品内容的判断，能比别人的想象更丰富、更别致，如新颖的样式、独特的阐述、奇异的构成。这些想象是个人品位的象征，也是艺术本身所需，可以带来别具一格的艺术洗礼和精神体验。正确理解这些概念，有助于设计质量的提升。

（2）锻炼观察眼界。当理解观察的作用后，就需要去锻炼观察的眼界，提高观察的水平和质量。从人类认识世界的规律来说，对事物判断的深刻程度，完全依靠观察者的感知方法与感知水平，如果方法简单，水平甚弱，那么得到的结果也就粗浅。因此，珠宝首饰设计师必须重视锻炼自己的观察能力，敏锐地感知新生事物及现象，前瞻性地发现事物变化，机智地分析现象特征等，这种观察能力的拥有和提高，对于珠宝首饰设计实践有着相当积极的作用和意义。但凡在创意设计中有出色表现者，其观察方法必然是独特和深邃的，眼界也自然是宽广、高远的。

（3）融艺术于观察中。珠宝首饰设计师的观察，不是简单的耳听目染，或纯粹的旁观者，而是事物与现象的自觉透视者，在透视中置入强烈的艺术观感，从而发现、认识事物及现象的本质，并将它们深刻地揭示出来，像地域文化的特点、时尚风潮的源头、欣赏品味的演变等。在对这些现象的透视过程中，自觉运用艺术的规律与方法，并在表达时给予准确、深刻、成功地展现。我们经常赞叹那些著名珠宝首饰的艺术感染力，能将情理之中的现象表现在意料之外，这都源自于艺术观察功力、表达功力的不凡与深厚，谁也不是天生就掌握这种功力的，都是在实践中培养和提高的，只有自觉地将艺术融于观察中，不断积淀或提高观察经验、水平，最终一定会在艺术的帮助下，趋于升华，至于完美。

（4）置境界于观察中。对于境界的展露，在前文中已有论述，它们在不同时期、不同范围，会产生不同的境界。问题是很多时候，我们遗忘了对境界的认识与表达，以为这种思维的认识及运用难度不小，作用未知，果真如此吗？我们认为：任何的认识与表达都可以成为某种境界的体现，只是高低不同而已，境界是对思维程度而言，无需害怕，当你在设计作品时，它会自然流露出来。在这里提醒大家，要有意识地关注境界的价值，而且要从观察的那刻起，就作为自觉的思维行为，同时，希望大家在实践过程中，追求较高的境界。但凡珠宝首饰设计大师，只要进入巅峰创作状态，其作品的境界一定是极其恢宏的。

第五节　珠宝首饰设计的主题

一、主题的内涵

珠宝首饰的主题是指作品表现或表达的内涵要旨，即给予内容设计一个明晰的基本范畴，以阐述作品最重要的含意。主题是通过题材、内容、形式等整合并提炼而成的，是作品最关键的表达，甚至是作品的灵魂表现。从艺术规律来讲，主题的缺失或不明确，会直接导致作品生命力与感染力的孱弱。因此，作为珠宝首饰设计师，在设计实践中必须十分重视对主题的认识，并且要掌握怎样形成、提炼、表达主题，使自己设计的每一件作品或每一项内容，都具有清晰而又完整的主题。

曾经听到不少设计师，尤其是新晋设计师说：在普通的大众的珠宝首饰中，要表达主题有点困难，甚至以为是没有必要的。例如，一枚素面的戒指（略加些微小宝石），它怎么表达主题呢？我们认为，这种现象表明他们对于主题的表达本身缺乏认识，也由此造成对主题表达的自觉性不够。就是一枚素面的戒指，依然可以阐述它的主题，因为最初的戒指也许就是素面的，它的主题就是形式本身，这种形式表达了某些信仰、族群、符号等特殊内容。试想，在一群人中，为了区别彼此，让一些人戴上戒指，他们之间不就非常容易区分了吗？要是再运用不同材料、不同色彩的戒指作为特征，岂不是更容易分别了吗？因此，这种素面的戒指在不同时期、不同环境下，曾产生过不同的主题作用。在欧洲的中世纪，宗教领袖可以戴着它，以表达地位特殊；在文艺复兴时期，新人结婚时戴着它，以表达对爱情信赖。如若稍微加些文字或符号，就更具特别含意，像小说《指环王》中的魔戒，不就是在素面的戒指上加了些文字，变成了特别（象征法力显现）的用具。

综上所述，主题可以始终存在于作品中，只是看大家能否自觉地意识到。如果说作品出现主题缺失现象，那多半连形式也不可能完整地表述，如将杂乱的信息、素材毫无整合地堆放在一起，以及没有规律的线索、错误的符号、不被认可的想象等。对此，我们就珠宝首饰设计的主题做些讨论，将其纳入设计实践的范畴，帮助大家提高设计质量和水平。

二、主题掌握的要点

（1）认识作品主题的作用。刚才对主题的必要性做了概括介绍，除了这种必要性之外，对作品本身还具有相当重要的作用。有了主题可以帮助人们更明确、更迅速地认识作品的内涵，从而引导他们理解、懂得作品的物质价值和精神价值，对作品的传播推广起积极作用。同时，明确作品的主题可以帮助设计师高屋建瓴地抓到内容的关键，有效地围绕关键内容展开叙述，不跑题、不偏题，自觉地在主题的指引下构筑完整的题材、内容、形式，创作出生命力和感染力强盛的作品。

（2）懂得凝练作品的主题。既然作品主题有着相当重要的作用，那么怎样形成作品的主题，无疑有着积极的探索价值。不少新晋设计师问道：是先有作品主题后才能确定内容、形式、题材，还是先有作品的内容、形式、题材才能确定主题？这些提问的核心就是关于主题是怎样形成的。从大多数的设计实践来看，主题与形式、内容、题材是互为关联的，主题指引内容、形式、题材的选择与确认；同时，内容、题材又对主题有着极大的影响，甚至可以从中凝练出主题来。因此，作品主题的形成可以有上述两种状态。一些国内外珠宝首饰设计竞赛往往会采取“主题”式命题，让参赛设计师根据命题进行设计；也有一些珠宝首饰设计竞赛采取材料（如钻石、珍珠、铂金、黄金）作为内容，让参赛设计师自行确立主题并进行设计。事实上，在企业里进行珠宝首饰设计同样有这些情况。重要的是，主题凝练和确立需要下大工夫，特别要懂得自觉地依据内容、形式、题材进行严密整合，形成恰当、正确的主题，而不是随心所欲地草拟之。要记住：“行成于思，毁于随。”

（3）掌握作品主题的范畴。无论是珠宝首饰的消费者，还是珠宝首饰的设计师，许多时候对于作品的主题存在难以名状的情况。例如，一枚戒指，抑或一款挂坠，似乎较难给予明确的主题范畴，至多认为美（好看或漂亮）的程度高低有差异。这种情况表明：消费者是因其非专业的缘故而不知作品的主题所在，而设计师是因不自觉地遗忘了作品主题的阐述。我们认为，每一件珠宝首饰都应该具有主题，否则很难阐述其作品内涵，也很难引起消费者的兴趣，况且在设计实践中离开主题会无的放矢，甚至毫无目的地设计，这种行为的结果是作品的价值被削弱。

当然，与其他一些艺术作品相比，珠宝首饰的主题并不恢宏、广博，这是它的形式所致，但在人性的情感层面，绝不缺少感染力，从爱情的表达、亲情的传递，到生命的尊崇、生活的赞扬，都可以充分地、真实地体现。因此，有父母给刚出生的宝宝戴上祝福首饰，有丈夫给爱妻戴上心意首饰，有朋友送知己纪念首饰，其包含的深情、亲情、友情可谓至深、至远。因此，在设计实践时，对于作品主题的范畴表达既可以是细微、易解、轻松的，也可以是优雅、深远、庄重的。只有掌握不同消费对象、不同消费目的对作品的要求，准确选择作品主题范畴，才能使珠宝首饰成为拥有者心仪的作品，这是一个设计师最需要建立的认识。

（4）提升作品主题的深刻性。在珠宝首饰设计实践中，同样的主题，不同的设计师有不同的理解，因而就有不同的作品出现，有的作品表现得比较浅显、简陋；有的作品表现得比较深刻、隽永。这种状况反映了设计师对作品主题认识的深刻程度，也体现了对作品主题表现的功力强弱，但凡深刻、隽永的作品，在形式、内容、题材上都较优美、新颖、独特，因而作品的生命力与感染力更胜一筹，影响力也就更为广泛。为此，我们倡导设计师要不断提升作品主题的深刻性，从而创作出具有高品质、好品位的珠宝首饰作品来。有的新晋设计师会问：怎样提升作品主题的深刻性呢？我们以中外珠宝首饰的作品为案例来比较，帮助大家认识这个问题。

爱情的主题是大家都比较熟悉的，可能也是珠宝首饰设计师设计比较多的产品，如许多设计师会用“心”形、玫瑰、LOVE等图形及文字来表示爱情，对此，不能说这种作品的主题不明确、不清晰，它毕竟还是非常直接地表达了人们对爱情的阐述。问题是一直并广泛地采用这样的方式来表现作品主题，不说缺乏新意，就从主题的深刻程度而言，是需要进行提升的，卡地亚珠宝首饰对这个主题的认识上，就比其他珠宝首饰来得深刻。它的AIdo Cipullo设计师于1969年设计了一款“螺丝钉”式手镯，也是以爱情为主题，该作品需要两个人一起用特制的螺丝刀才能打开，它极其传神地诠释了情侣之间对爱情的追求。由于对爱情主题独到的深刻认识，这款作品几十年来成为该品牌经典的爱情系列首饰（图3-5）。

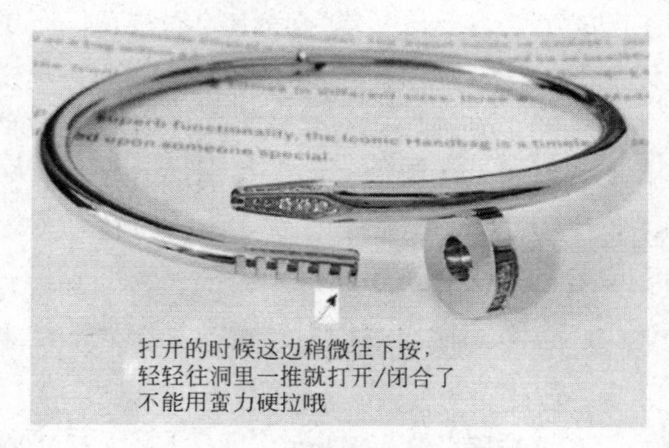

图3-5　卡地亚螺丝钉手镯

又如，意大利设计师将爱情首饰设计成夫妻两部分，爱妻是一把爱情锁挂坠，丈夫是一枚爱情钥匙挂坠，用爱情钥匙打开爱情锁，并可取出锁里的爱情密语，把爱情的唯一性表现得淋漓尽致，感人肺腑。这种对于作品主题深刻性的表达真是无与伦比。

对珠宝首饰作品的主题表现，许多设计师以为是一个简单的形式问题，而不是一个重要的认识问题。由此，造成了大家都比较轻视，能点到就可以了，因而不少作品出现类同，没有特色。而纵观那些经典的珠宝首饰却发现，但凡传神、出色的作品都可以明显地看到其清晰、深刻、独特的主题，因为有了它们，作品就有了灵魂，有了灵魂的作品就有了生命力和感染力。

对珠宝首饰作品的主题表现，也有的设计师认为是设计中的技术性问题，如果经验足够丰富，是完全可以克服的。我们不认为是这样，技术诚然可以帮助解决部分问题，但不能根本解决作品主题的真正表达。没有自觉地重视主题，就不能发现问题的所在，也无从真正解决它。为此，希望大家要注重对作品主题的认识。

第六节　珠宝首饰设计的表达

一、表达的内涵

现在讨论的表达是指：珠宝首饰设计的具体表现和相关展示，即作品设计最后的呈现方式和方法，也就是设计图稿及文字等的表达方式。所有作品和内容的创作或创意，最终都需要一定的手段给予充分的表示，以有效、明确告知使用对象（如代客设计）或作品的制作者，让他们清晰地了解和明白设计师所设计的作品形式、结构、材料等，从而评估作品与使用对象的匹配度，或者掌握作品的制作要求，为即将问世的作品提供双方认识、表达的沟通桥梁。

从珠宝首饰设计实践过程来说，作品的设计表示是极其重要的步骤，也是最终的设计成果。经过一系列的深刻思考，形成方案，通过创作，把一件作品或一项内容运用一定的方式与方法表示出来，以此完成整个珠宝首饰设计目标，这是每一个设计师必须经历的。作为珠宝首饰设计师的表示手段，其方法的规范、正确、清晰、有效与否，是考量一个设计师认知能力及阐述能力的重要标准之一。

二、表达方法

珠宝首饰设计的表示方法总体可以分为两部分：一部分是图稿；另一部分是文字及数据，除非有特别的需要（如实样）可以另做处理。从现行的珠宝首饰设计实践过程来说，图稿的表达是主要的，文字及数据表达是辅助的，因为绝大部分珠宝首饰是以一定的造型、色彩、结构来呈现作品的主要内容，因此，图形表达极为重要，形象的图形画稿既直观（如色彩）又有效（可以1 ： 1呈现效果），极大方便设计师与使用对象、制作者的认识和沟通。

（一）效果图

效果图是表示作品最常用的方法之一，它将珠宝首饰作品最直接、最有效、最形象地绘于纸上。设计师将作品色彩、形态、结构、材料的设计表达在图稿上，为使用对象或制作者了解、评估作品提供清晰的内容判断。就效果图的形式而言，有手绘和电脑绘图两种方式。其中手绘效果图有彩色图与黑白图之分。彩色图中又分水彩效果图和水粉效果图；黑白图又分素描效果图、线描效果图，以及在黑白图的基础上加些许色彩的效果图。

水彩或水粉效果图的绘制方法：采用水彩笔、纸，或者水粉笔、纸及其技法完成。如图3-6和图3-7所示。素描或线描效果图的绘制方法：采用铅笔、特制针笔与纸，并用素描及线描技法完成。素描效果图（如图3-8所示）色彩效果明显，材料区别清楚，艺术感较强；线描效果图（如图3-9所示）细节明显，尺寸精准，制作掌控性好（对于制作者而言）。

随着电脑软件的进步，近些年，不少珠宝首饰设计师都采用电脑绘制作品设计的效果图。我们认为，如果具有较好的驾驭能力，电脑绘图效果还是不错的（如图3-10），它比手工绘制的效果图更具真实感和形象感，特别是它的色彩、比例、质感更接近真实的作品。只是，在一些结构连接上，或者时间上要比手绘效果图费时、费工夫，况且，表现效果会受操作技术的影响，有时为了解决这种技术性反而失去了对作品本身设计的表现。

图3-6 水彩效果图

图3-7 水粉效果图

图3-8 素描效果图

图3-9 线描效果图

图3-10 电脑绘图效果图

（二）三视图

三视图是表示作品时常用的方法之一，主要特点是在制造作业时认识设计结构，帮助制作者了解、认清、掌握作品的施工特点，正确领会设计师的设计要求。三视图由俯视图、正视图、侧视图组成（如图3-11所示），通过不同的视图可以认识作品的结构，作业时有明确的参照依据。需要说明的是，所有的珠宝首饰作品都存在两度创作，一度创作是设计师，两度创作是制作者。任何三视图都是给予制作者一种参照，制作者有理由也有权力对设计师的图稿或调整或修缮，使作品更完美。当然，在调整或修缮时必须具有一定的合理性，以及相当的技术支撑，如若没有这种保证，那就不可擅自改变设计图稿。

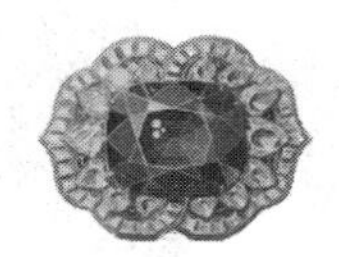

图3-11　三视图

（三）剖视图

剖视图是表示作品某些结构内部解析的方法之一，它的作用是对一些特别部件与结构进行说明和表示，使制作者在三视图不能覆盖的情况下，能有效了解其内部的构造。例如，材料的不同厚薄布置、连接件的特殊设置等，当作业时能清楚地了解它们的设计要求，在施工时就能准确地达到设计的效果。

（四）局部图

局部图是表示作品某些特殊空间结构或构成的方法之一，它的作用是在三视图不能清晰、有效表达那些空间的结构构成时，特别加以说明和表达。例如，某个向内凹陷结构的表面纹样效果，某些组合部件的相互连接等，通过局部图来表示这些结构或构成的设计要求，在作业时正确理解它们的实际状况，在施工时达到预期效果。

（五）施工图

施工图是指工人所依据的图样，这通常比设计图样要更详细，包括了图与说明（材料使用、施工方法标注）。施工图对于设计师而言是十分重要的，它比设计图更为详细准确，并对一些地方进行了适当的标注。对于工人而言，在操作之前必须认真谨慎地把施工图理一遍，不懂不清晰的地方就需要向前辈及设计师请教，要做到绝对的明了产品的设计构思和意图。

（六）文字及数据说明

文字及数据说明是作品图形之外的阐述和描述表示，它对设计作品的图形形态、状况做出相关解释，表明作品的创作理念及详细技术要求，帮助使用者或制作者认识、领悟作品的内涵、用法、操作等内容，供他们正确认识、评价、作业之用。一般文字及数据说明由两部分组成，一部分是讲述作品的设计理念、含义；另一部分是讲述作品的技术要求、操作方式。通过它们，将设计师的作品及创作意图完整地呈现出来。从珠宝设计实践的过程来看，文字和数据说明不及图稿形象、直观，但对于完整的作品表示而言，特别在精准度、清晰度方面，无疑有着重要的补充和完善作用。

第四章

珠宝首饰设计材料

第一节　宝玉石材料

宝玉石的运用在首饰制作中很常见，很多时候甚至是必不可少的，常见的宝玉石种类很多，如宝石、玉石、印章石、砚石、有机宝石和人造宝石等很多种，下面我们将介绍一下宝玉石的分类。

一、宝玉石分类

根据我国对宝石、玉石的传统分类，结合国家标准GB/T 16552—2003《珠宝玉石名称》，考虑到把宝石、玉石分开，具有概念清楚、简便易行的优点，采用下列宝石、玉石的分类方法（图4-1）。

- 珠宝玉石（宝石）
  - 天然珠宝玉石
    - 宝石
    - 玉石
    - 珍珠等有机贵重材料
  - 人工珠宝玉石
    - 人造宝石
    - 拼合宝石
    - 再造宝石
    - 合成宝石

图4-1　宝石、玉石的分类

常见天然宝石有：钻石、红宝石、蓝宝石、金绿宝石、祖母绿、海蓝宝石、绿柱石、碧玺、尖晶石、锆石、托帕石、橄榄石、石榴石、石英、长石等。其中钻石、红宝石、蓝宝石、金绿宝石，祖母绿为五大珍贵宝石。

常见天然玉石有：翡翠、软玉、欧泊、玉髓（玛瑙）、木变石（虎睛石、鹰眼石）、石英岩（东陵石）、蛇纹石（岫玉）、独山玉、绿松石、青金石、孔雀石等。

常见天然有机宝石有：珍珠、珊瑚、琥珀、煤精、象牙、龟甲（玳瑁）等。

常见人工宝石有：合成钻石、合成红宝石、合成蓝宝石、合成祖母绿、合成欧泊、合成石英、合成绿松石、人造立方氧化锆、人造碳硅石、人造钇铝榴石、塑料、玻璃等。

二、宝玉石材料具备条件

（一）基本条件

由自然界产出的，具有美观、耐久、稀少性、具有工艺价值，可加工成装饰物的物质统称为天然珠宝玉石。宝玉石泛指所有可用于工艺美术要求的矿物、岩石及其他天然和人造物质。狭义的宝石概念主要是指符合工艺要求的天然矿物晶体及少数天然矿物集合体。

作为天然宝石的矿物，多数具备美观、耐久、稀少三大特性。一般来说，宝石材料应具备以下基本条件。

（1）材质均匀、纯洁，无瑕疵。

（2）透明度好，加工后的产品晶莹透亮。

（3）颜色艳丽。

（4）成品表面有美丽的光泽。

（5）材质硬度较大，强度较好。

（6）原石具有一定的形状、大小和质量，使加工后的产品能符合设计要求。

（7）化学性质稳定，佩戴安全性较好。

（8）材料的加工性能好。

（9）具有特殊光学效应。

（二）具体条件

1.五大珍贵宝石

（1）钻石

① 特性：钻石是宝石级金刚石，它具有高硬度、高折射率、强光泽、色散强、不易磨损与光彩璀璨等特征，被誉为“宝石之王”。

② 晶体外形及结晶习性：钻石属于等轴晶系，常见的晶体形态为八面体、菱形十二面体、立方体晶型等，晶面常有球面形态。自然界产出的钻石晶体常常有畸变而呈歪晶的特征（图4-2）。

图4-2　晶体外形

③ 包裹体特征：钻石晶体的内含物中没有气态或液态包裹体，常常含有其他矿物的小晶体，如金刚石、石墨、橄榄石、镁铝榴石等。

④ 常见颜色：钻石按颜色的有无分为白钻和彩钻两大类。无色包括微黄、微褐、微灰色，彩色包括紫色、橙色、绿色、酒黄色、蓝色、黑色。钻石一般无色透明略带微黄色，无色透明略带蓝色的钻石价值最高。而带深蓝色、金黄色、红色、绿色的彩色钻石一般价值高于白钻（图4-3、图4-4）。

图4-3　无色钻石

图4-4　彩色钻石

⑤ 原料主要产地：印度是最早的金刚石来源地，目前全世界有27个国家有钻石矿床，主要集中在扎伊尔、澳大利亚、加拿大、博茨瓦纳、原苏联等同家。

⑥ 相似宝石：与钻石相似的可能代用品分为三类：第一类如氧化锆、GGG等，其光学性质、色散都与钻石相似，并都无双折射率；第二类如锆石、人造金红石等，有双折射率，可区别于钻石；第三类如水晶和无包蓝宝石等，其折射率、导热性不同于钻石。

（2）红宝石

① 特性：红宝石属于刚玉矿物，是指因含有铬元素而呈现出红色的宝石级刚玉。根据氧化铬含量颜色有深有浅，“鸽血红”红宝石氧化铬含量为2%。

② 晶体外形及结晶习性：红宝石是三方晶系，呈六边形柱形、桶状或者板状晶体，也可呈六方双锥状晶体，多呈板状晶体（图4-5）。常见百叶窗式双晶纹、横纹和三角形生长标志。对于晶形不完整的原石，可依据这些特征判断晶体方位。

图4-5　红宝石晶体

③ 包裹体特征：红宝石的特征包裹体有丝状物、针状包体、气液包体、指纹状包体、雾状包体、负晶、晶体包体、生长纹、色带、双晶纹等（图4-6）。世界不同产地的红宝石包裹体会有一些产地特征，如缅甸的红宝石可能有针状金红石、六射星光石。

图4-6　红宝石解理面

④ 常见颜色：红宝石常呈红色、橙红色、紫红色、褐红色（图4-7～图4-10）。

⑤ 原料主要产地：世界上许多国家的不同地区产红宝石，著名的产地主要有泰国、缅甸、斯里兰卡、阿富汗、肯尼亚、原苏联、巴基斯坦等，我国云南等省也有一定的红宝石产出。

⑥ 相似宝石：与红宝石相似的宝石有红色石榴石、红色尖晶石、红色碧玺、红色锆石、红色托帕石、红色绿柱石等；人造宝石有红色玻璃、合成立方氧化锆等。

图4-7　红色红宝石

（3）蓝宝石

① 特性：蓝宝石与红宝石同属于刚玉类宝石，除红宝石外，其他各种颜色的刚玉宝石都统称为蓝宝石。狭义的蓝宝石一般专指含铁、钛元素而呈现蓝色的宝石级刚玉，即蓝色蓝宝石。

② 晶体外形及结晶习性：蓝宝石多呈桶状晶体（图4-11）。

③ 包裹体特征：蓝宝石的特征包裹体有色带、指纹状包体、负晶、气液两相包体、针状包体、雾状、丝状包体、同体矿物包体、双晶纹等。

④ 常见颜色：蓝宝石常见蓝色、绿色、黄色、橙色、紫色、黑色、灰色、无色、变色等（图4-12～图4-16）。

图4-8 紫红色红宝石

图4-9 橙红色红宝石

图4-10 鸽血红红宝石

图4-11 蓝宝石晶体

图4-12 黄色蓝宝石

图4-13 橘红色蓝宝石

图4-14 蓝色蓝宝石

图4-15 紫色蓝宝石

图4-16 无色蓝宝石

⑤ 主要产地：蓝宝石主要产于泰国、斯里兰卡、缅甸、澳大利亚、柬埔寨、越南、中国山东等地。

⑥ 相似宝石：与蓝宝石相似的宝石品种主要有蓝色锆石、蓝色托帕石、海蓝宝石、蓝色碧玺、蓝色尖晶石、蓝色蓝晶石；人工宝石有蓝色玻璃、合成氧化锆等。

（4）祖母绿

① 特性：祖母绿是一种很有历史渊源的宝石。它的化学名称是铍铝硅酸盐，属绿柱石家族。纯净的绿柱石一般为无色透明，含有不同的呈色元素，如铬、铁、

钛、锰等，其中含有铬元素的绿柱石可以呈现非常漂亮的绿色，这种宝石即为珍贵的祖母绿。在市场上，优质的祖母绿价格甚至高于钻石。

② 晶体外形及结晶习性：祖母绿为六方晶系，常呈六方柱状，柱面常见平行于晶体长轴的纵纹和长方形蚀纹，并且常见于垂直于主体的解理上（图4-17）。

③ 包裹体特征：祖母绿包裹体主要有三相包体（气液固体）、两相包体（气液），矿物包体，如方解石、石英、云母、赤铁矿、碧玺等（图4-18）。

④ 原料主要产地：祖母绿的主要产地有哥伦比亚、巴西、俄罗斯、澳大利亚、津巴布韦、尼日利亚、原苏联、奥地利、埃及、赞比亚、马达加斯加、挪威、巴基斯坦、印度、南非、中国等，其中以哥伦比亚的祖母绿品质最佳。

⑤ 常见颜色：祖母绿常见浅至深的绿色、蓝绿色、黄绿色（图4-19～图4-21）。

图4-17　祖母绿原石

图4-18　祖母绿包裹体

图4-19　绿色祖母绿

图4-20　蓝绿色祖母绿

图4-21　黄绿色祖母绿

⑥ 相似宝石：与祖母绿相似的宝石有铬透辉石、绿色碧玺、绿色石榴石、绿色锆石、绿色蓝宝石与绿色萤石等。

（5）金绿宝石

① 特性：金绿宝石以特有的黄绿色和特殊光学效应而得名，其中具有猫眼效应的金绿宝石称为猫眼，具有变色效应的金绿宝石称为变石。

② 晶体外形及结晶习性：金绿宝石为斜方晶系，常呈板状、柱状或者假六方的三连晶.晶体底面上常有条纹（图4-22）。

③ 包裹体特征：金绿宝石常见指纹状包裹体、丝状包体、双晶纹、阶梯状的生长面、三组不完全的解理等（图4-23）。

④ 原料主要产地：金绿宝石的主要产地有斯里兰卡、俄罗斯、印度、马达加斯加、津巴布韦、赞比亚、缅甸，中国的新疆、四川、福建等地区。

⑤ 常见的颜色：金绿宝石常呈浅色至中黄、黄绿、灰绿、褐色、浅蓝色（图4-24 ～图4-26）。

图4-22　金绿宝石晶体

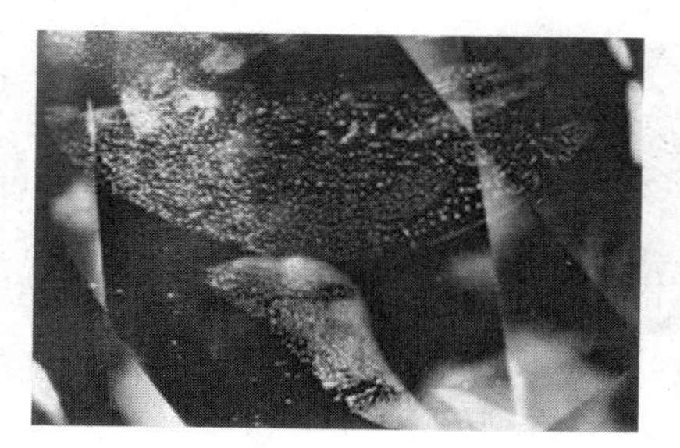

图4-23　金绿宝石包裹体

图4-24　黄色金绿宝石

图4-25　黄绿色金绿宝石

图4-26　绿色金绿宝石

⑥ 相似宝石：与金绿宝石相似的宝石品种比较多，如橄榄石、蓝宝石、尖晶石、锆石、托帕石、水晶、绿柱石等。与猫眼相似的宝石有石英猫眼、碧玺猫眼、绿柱石猫眼、长石猫眼等。具有变色效应与变石相似的宝石有变色石榴石、变色尖晶石、变色蓝宝石等。

⑦ 加工设计：透明无包裹体的金绿宝石和变石加工刻面形，具体形状以材料的形状及大小决定，以保重为主，具有猫眼效应和变色效应的金绿宝石加工弧面形，为了保重设计时采用双凸形。

2. 常见一般天然宝石

（1）锆石

① 特性：锆石具有高折射率、强色散而显得光芒璀璨，无色的锆石常常被用作钻石的替代品。

② 晶体外形及结晶习性：锆石为四方晶系，晶体常呈四方双锥状、柱状、板柱状等（图4-27）。

图4-27　锆石晶体

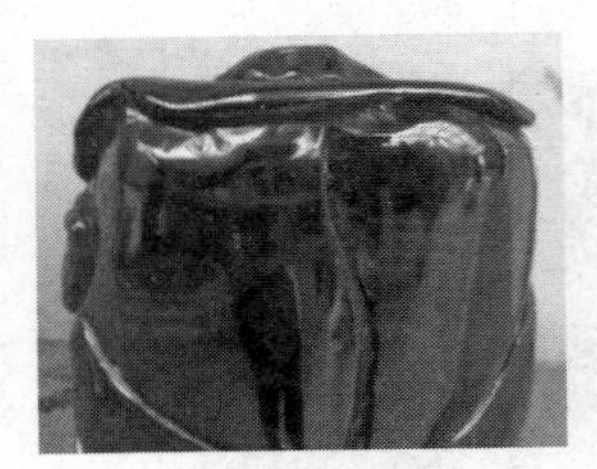
图4-28　红色锆石

图4-29　黄色锆石

图4-30　无色锆石

③ 包裹体特征：包裹体常见有愈合裂痕、矿物包体、絮状包体，刻面棱重影明显。

④ 原料主要产地：主要产地有泰国、斯里兰卡、缅甸、法国、挪威、英国等。

⑤ 常见颜色：锆石常见颜色有无色、蓝色、绿色、黄色、橙色、红色、紫色等（图4-28～图4-30）。

⑥ 相似宝石：与锆石相似的宝石有石榴石、金绿宝石等，可以从特征潜线、密度、刻面棱重影等几个方面区别开来。

⑦ 加工设计：透明无包裹体的锆石材料加工刻面形宝石。锆石折射率高、色散强，是仿钻的代用品，设计标准钻式琢型，加工出的“八心八箭”达到钻石的效果。

（2）石榴石

① 特性：石榴石因颜色像石榴籽而得名，在古代中国俗称为“紫牙乌”，具有高折射率、强玻璃光泽和美丽璀璨的颜色，深受人们喜爱。

② 晶体外形及结晶习性：石榴石为等轴晶系，晶体多为菱形十二面体、四角三八面体等（图4-31）。

③ 包裹体特征：不同种类的石榴石根据元素不同所形成的包裹体特征也不同。镁铝榴石：具针状包体，不规则和浑网状晶体包体。铁铝榴石：针状包体通常很粗。锰铝榴石：具波浪状、不规则和浑圆晶体包体。钙铝榴石：短柱或者浑圆状晶体包体及热波效应。钙铁榴石：马尾状包体（图4-32～图4-33）。

④ 原料主要产地：石榴石在地壳中产出量比较大，

图4-31　石榴石晶体

图4-32　石榴石包裹体（一）

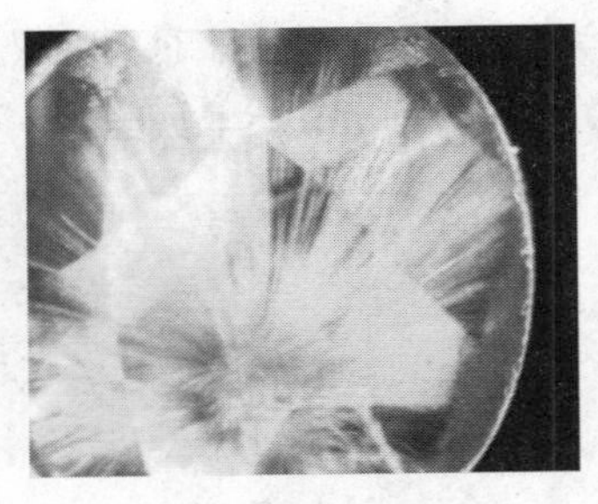
图4-33　石榴石包裹体（二）

并且产地不同产出的品种也不同。镁铝榴石主要产于美国、捷克等地；铁铝榴石主要产于印度、美国、斯里兰卡等地：锰铝榴石主要产于亚美尼亚、美国等地；钙铝榴石主要产于斯里兰卡、墨西哥、巴西等地；钙铁榴石主要产于乌托尔山；钙铬榴石颗粒较小，主要产于俄罗斯的乌拉尔地区。

⑤ 常见颜色：石榴石拥有除蓝色之外的各种颜色。镁铝榴石（图4-34）：中至深橙红色、红色。铁铝榴石：橙红至红色、紫红至红紫色，色调较暗。锰铝榴石（图4-35）：橙色至橙红色。钙铝榴石（图4-36）：浅至深绿、浅至深黄、橙红，无色（少见）。钙铁榴石、翠榴石（图4-37）：黄色、绿色、褐黑色。

⑥ 相似宝石：常见与石榴石相似的宝石品种有红色系列的锆石、红宝石、红色尖晶石等，还有黄色蓝宝石、金绿宝石等。

⑦ 加工设计：透明无包裹体的石榴石材料加工T刻面形宝石，刻面形状根据材料形状决定，以保重为原则。半透明不透明的材料加工珠形、凸面形式吊坠，色深的材料加工薄片形剖面或薄凸面形。

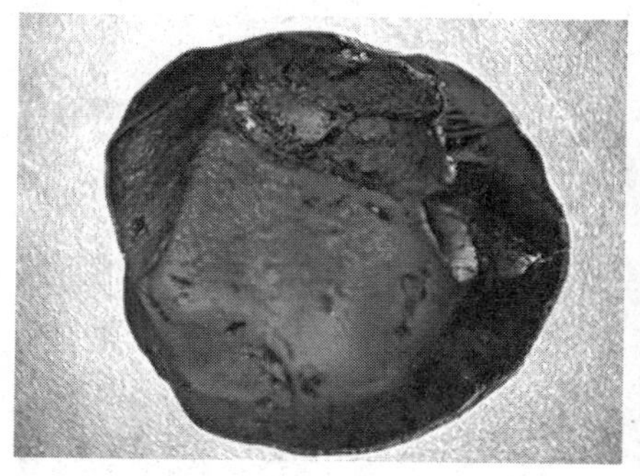

图4-34　镁铝榴石

图4-35　锰铝榴石

图4-36　钙铝榴石

图4-37　翠榴石

（3）尖晶石

① 特性：尖晶石为镁铝氧化物，红色尖晶石具有与红宝石般迷人的色泽。

② 晶体外形及结晶习性：等轴晶系，八面体晶形（图4-38）。

③ 包裹体特征：尖晶石包裹体有八体面、八面体负晶等，呈点线状式或曲线排列，有时还能见到锆石、磷灰石、榍石等包裹体。另外，还可见到呈星云状分布的气液包裹体（图4-39）。

④ 原料主要产地：尖晶石主要产于缅甸、斯里兰卡、阿富汗、泰国、肯尼亚、巴基斯坦、美国、越南等。

⑤ 常见颜色：尖晶石常见有红色（图4-40）、橙色、玫瑰红、无色（图4-41）、黄色、褐色、蓝绿色（图4-42）、紫色。

图4-38　尖晶石晶体

图4-39　尖晶石包裹体

图4-40　红色尖晶石

图4-41　无色尖晶石

图4-42　蓝绿色尖晶石

⑥ 相似宝石：常见与尖晶石相似的宝石品种有石榴石、锆石、刚玉类宝石、绿柱石等。

（4）橄榄石

① 特性：橄榄石因具有青橄榄色而得名，古罗马人称之为“太阳的宝石”。

② 晶体外形及结晶习性：橄榄石为斜方晶系，呈柱状、短柱状，不规则粒状（图4-43）。

③ 包裹体特征：橄榄石包裹体主要有睡莲叶状包体.深色矿物包体，负晶，盘状气液两相包体，常见后刻面棱重影等（图4-44、图4-45）。

④ 原料主要产地：橄榄石主要产于埃及、美国、缅甸、墨西哥等地，中国河北、吉林、内蒙古也有橄榄石产出。

⑤ 常见颜色：橄榄石常见黄绿色、绿色、褐绿色（图4-46、图4-47）。

图4-43 橄榄石晶体

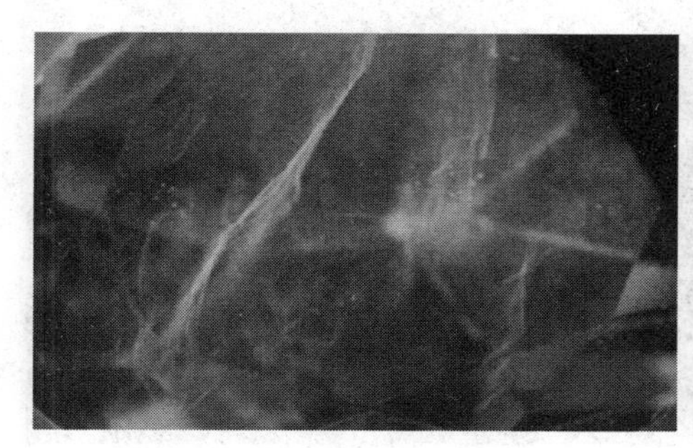

图4-44 橄榄石包裹体（一）

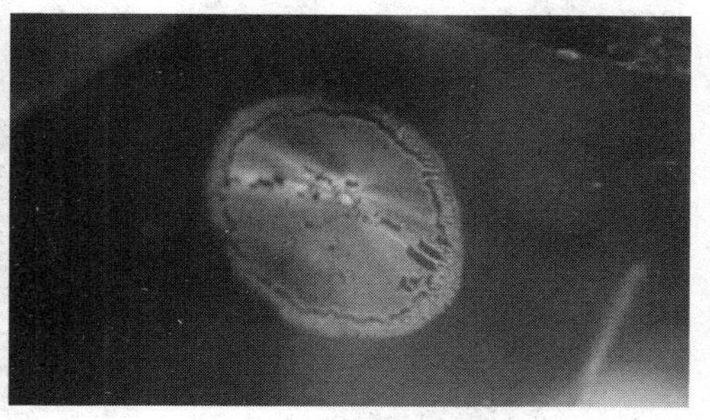

图4-45 橄榄石包裹体（二）

图4-46 绿色橄榄石

图4-47 黄绿色橄榄石

⑥ 相似宝石：常见的与橄榄石相似宝石有绿色碧玺、黄绿色金绿宝石、锆石、钙铝榴石等。

⑦ 加工设计：透明无包裹体的材料加工刻面形，琢型根据材料形状决定，以最大限度保重为原则，橄榄石是脆性材料，开采6毫米以下的较多，设计时常用于群镶。

（5）碧玺

① 特性：碧玺，又称电气石，对宝石而言，碧玺是族群硼硅酸盐的名称，化

学成分复杂，具有很强的吸附性。

② 晶体外形及结晶习性：碧玺属于三斜晶系，是浑圆方柱或者复三方锥状晶体。碧玺的晶体一般呈柱状，有色的晶体有较强的二色性，通常有美丽的彩带（图4-48）。

③ 包裹体特征：碧玺的包裹体因颜色不同，多种颜色特别是粉红色和红色者常含大量充满液体的扁平状、不规则管状包体，平行线状包体，但绿色碧玺包体较少（图4-49）。

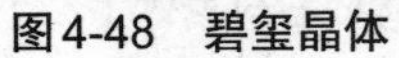

图4-48　碧玺晶体

图4-49　碧玺包裹体

④ 原料主要产地：碧玺的矿床通常位于伟晶岩层和冲积矿床。宝石级别的产地有很多，如斯里兰卡、坦桑尼亚、意大利、肯尼亚、美国、阿富汗、马拉加西共和国和巴西具有最富生产力的矿床；另外还有缅甸、俄罗斯和中国的云南、新疆等地。

⑤ 常见颜色：碧玺颜色多种多样，有红色、蓝色、绿色、褐色、双色、紫色、无色。同一晶体内外或同一晶体的不同部位可呈双色或多色（图4-50）。

图4-50　碧玺

⑥ 相似宝石：与红碧玺相似的有红宝石、红色尖晶石及淡红色托帕石；与绿碧玺相似的有绿色蓝宝石、绿色透辉石、祖母绿；与蓝色碧玺相似的有蓝宝石、蓝色尖晶石等。

⑦ 加工设计：透明电气石材料加工剖面形，琢型根据材料的形状及大小决定，原则以保重为主，设计时注意碧玺的多色性，选择浅色方向作台面，电气石颜色较丰富，半透明至不透明的材料加工球形。制作七彩手链和项链很受欢迎。

（6）托帕石

① 特性：托帕石是一种含氟的碱式硅酸盐，是一种透明度很高，又很坚硬，反光效应很好，颜色美丽的矿物。

② 晶体外形及结晶习性：托帕石属于斜方晶系，形态完好的托帕石晶体有着典型的菱形横截面，通常为柱状，并且柱面有纵条纹（图4-51）。

③ 包裹体特征：托帕石一般比较洁净，可以看到两相包体、三相包体，含有两种或两种以上不混溶液体包体、矿物包体、负晶等（图4-52）。

图4-51　托帕石晶体

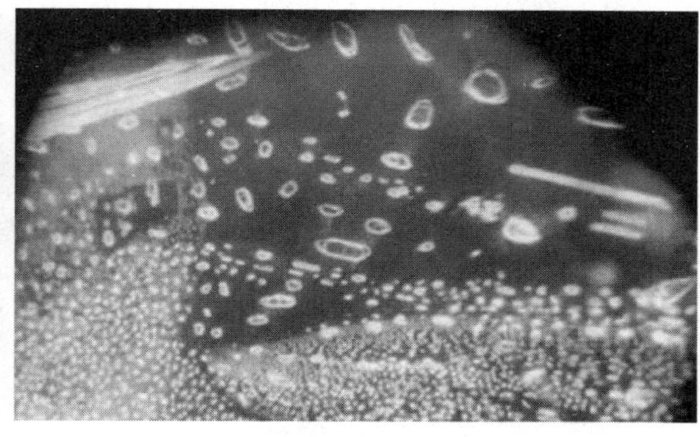

图4-52　托帕石包裹体

④ 原料主要产地：托帕石以巴西产的最为著名，另外美国、斯里兰卡、尼日利亚、挪威、巴西、日本和中国的内蒙古、云南、江西有产。

⑤ 颜色：托帕石常为无色、淡蓝色、蓝色、黄色、粉色、褐红色及绿色（图4-53）。

⑥ 相似宝石：托帕石象征着友爱和希望，干净纯洁，深受人们喜爱，与托帕石相似的宝石：无海蓝色托帕石色的主要是水晶，蓝色的主要是海蓝宝石、碧玺。

图4-53　不同颜色的帕托石

⑦ 加工设计：透明无包裹体的黄玉加工T刻面形琢型，大块黄玉材料较多，琢型的形状根据客户订单为主，无色黄玉材料可以通过辐照处理成为天空蓝材料。黄玉有一组发育完全的解理，设计时注意宝石台面放在解理面的位置，具有猫眼效应的黄玉设计成凸面形。

（7）海蓝宝石

① 特性：海蓝宝石具有海水般明亮透彻的蓝色、蓝绿色。海蓝宝石的矿物成分以绿柱石为主，是形成于伟晶岩和花岗岩及一些地区的变质岩中的一种含铍、铝的硅酸盐矿石。

② 晶体外形及结晶习性：海蓝宝石属于六方晶系，呈六方柱状，带有晶面纵纹（图4-54）。

③ 包裹体特征：海蓝宝石具有液体包体、气液两相包体、三相包体，还具有平行管状包体，其中一组不完全解理。

④ 原料主要产地：海蓝宝石主要产于巴西、马达加斯加、美国、原苏联、乌拉尔山和中国的新疆、内蒙古、湖南、云南、海南等地。

⑤ 常见颜色：海蓝宝石的颜色为天蓝色至海蓝色或带绿的蓝色，以明洁无瑕、浓艳的艳蓝至淡蓝色为最佳（图4-55）。

⑥ 相似宝石：常见的与海蓝宝石相似的宝石晶种有蓝色托帕石、浅蓝色蓝宝石、蓝色碧玺等。

⑦ 加工设计：透明无杂质海蓝色绿柱石材料加工刻面琢型，琢型形状及大小根据材料确定，以保重为主，半透明至不透明的材料加工珠形式吊坠，具有猫眼效应的材料参照红蓝刚玉加工设计特点。

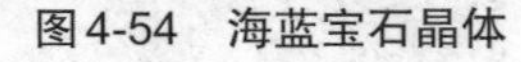
图4-54　海蓝宝石晶体

图4-55　不同颜色的海蓝宝石

（8）石英

① 特性：石英是最常见的造岩矿物之一，单晶石英在宝石学中被统称为水晶。

② 晶体外形及结晶习性：石英属于三方晶系，常为六方柱与菱面体的聚形组成柱状晶体，六方柱的柱面上常有横纹，双晶也较发育（图4-56）。

③ 包裹体特征：石英具有色带，液体及气、液两相包体，气、液、固三相包

体，还有针状金红石、电气石及其他的固体矿物包体，负晶（图4-57）。

④ 原料主要产地：世界各地都有水晶产出，水晶的主要产地有美国、巴西、马达加斯加印度、原苏联、澳大利亚，中国的东海、河南、贵州也是水晶的重要产地和集散地。

⑤ 常见颜色：石英除了无色外还有多种颜色，如紫色、黄色、粉红色以及不同程度的褐色、黑色，另外少见的有绿色（图4-58）。

⑥ 相似宝石：常见的与石英相似的宝石品种有托帕石、长石、方柱石、堇青石等。

⑦ 加工设计：透明无包裹体紫晶、黄晶加工成刻面形琢型，紫黄晶加工成双色祖母绿琢型，无色水晶设计水晶球、水晶雕件、吊坠和珠形。

图4-56　石英晶体

图4-57　石英包裹体

图4-58　不同颜色的石英

3.常见天然玉石

（1）翡翠

① 特性：翡翠是一种以硬玉矿物为主，并伴有角闪石、钠长石、透辉石和绿泥石等多种矿物结合的辉石类矿物集合体。翡翠分为表面新鲜、无风化皮壳、透明度差的新坑料以及颜色鲜明、透明度好、质地温润的老坑料。

② 晶体外形及结晶习性：翡翠属于单斜晶系，是一种晶质结合体，一种常呈现出纤维状、粒状或局部为柱状的集合体（图4-59）。

图4-59 翡翠原石晶体

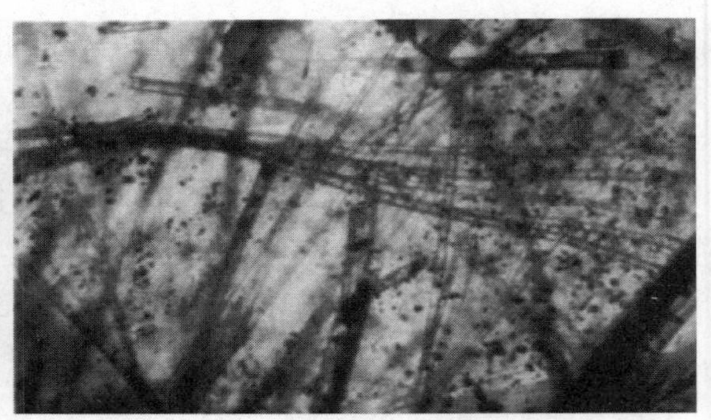

图4-60 翡翠包裹体

图4-61 不同颜色的翡翠

③ 包裹体特征：翡翠有“翠性”，呈星点、针状、片状闪光，通常为纤维交织结构至粒状纤维结构，在内部常有黑色或深色固体包体（图4-60）。

④ 原料主要产地：翡翠的主要产地在缅甸，此外，在美国、俄罗斯、危地马拉、新西兰和日本等地也有翡翠产出。

⑤ 常见颜色：翡翠常见的颜色有白色、各种色调的绿色、黄色、红橙色、褐色、灰色、黑色、浅紫红色、紫色、蓝色（图4-61）等。

⑥ 相似宝石：与翡翠相似的玉石有绿色的软玉、独山玉、蛇纹石、东陵石、绿玉髓、葡萄石、钠长玉石、水钙铝榴石等。

（2）软玉

① 特性：软玉是中国四大名玉之一，是含水造岩矿物角闪石族中的透闪石-阳起石系一列的一员——钙镁铝硅酸盐。

② 晶体外形及结晶习性：软玉属于单斜晶系，是一种晶质集合体，软玉的典型结构为纤维状交织结构，块状构造（图4-62）。

图4-62　软玉晶体

③ 包裹体特征：软玉显微呈纤维交织结构（毛毡状结构），有黑色固体包体。

④ 原料主要产地：软玉主要产于我国新疆和田、东北岫岩、台湾、四川，俄罗斯和加拿大等地，以中国新疆和田地区的软玉质量最佳。

⑤ 常见颜色：软玉的颜色多样，主要取决于其主要的矿物成分。主要有浅至深绿色、黄色至褐色、白色、灰色、黑色。当主要矿物成分为透闪石呈白色，当铁的含量逐渐增加时绿色加深，甚至可以达到墨绿至黑色。

软玉按颜色可分为白玉、青玉、青白玉、碧玉、黄玉、黑玉、糖玉、花玉等（图4-63）。

⑥ 相似宝石：软玉在中国古代就占据了玉石市场的重要地位，正确辨识软玉成为购买玉石的重要步骤。其中与软玉相似的白色玉石品种主要有白色石英岩、大理岩、翡翠、岫玉、独山玉、玛瑙等，人造仿制品主要是玻璃。

图4-63　不同颜色的软玉

（3）欧泊

① 特性：欧泊是由非晶质的贵蛋白石和少量的石英、黄铁矿等杂质矿物组成的蛋门矿物，主要成分是含水的二氧化硅。

② 晶体外形及结晶习性：欧泊为非晶质体（图4-64、图4-65）。

③ 包裹体特征：欧泊内部色斑呈不规则片状，边界平坦且较模糊，表面呈丝绢状外观。

④ 原料主要产地：欧泊主要产于澳大利亚，其次是美国、墨西哥、巴西、捷克斯洛伐克等。

⑤ 常见颜色：欧泊具有扑朔迷离与绚丽多姿的色彩，给人们以无穷的遐想和憧憬。欧泊的宝石琢型设计及加工体色有黑色、白色、棕色、蓝色、绿色等（图4-66）。

⑥ 相似宝石：正是由于欧泊较受人们欢迎，价值较高，所以区分欧泊与相似玉石或仿制品尤为重要。欧泊的相似品主要是拉长石、火玛瑙，人工仿制品主要有玻璃和塑料等。

图4-64　欧泊晶体

图4-65　墨西哥欧泊晶体

图4-66　不同颜色的欧泊

（4）石英质玉石

① 特性：石英质玉石是和单晶石英基本性质大致相同的多种矿物的集合体，按照结晶程度可以分为隐晶质石英质玉石（玉髓、玛瑙）和显晶质石英质玉石

（石英岩、木变石等）。

② 晶体外形及结晶习性：由于石英质玉石是以石英为主要成分，所以该成分主要属于三方晶系，为显微隐晶质-显晶质集合体。石英质玉石根据品种可有粒状结构、纤维状结构、隐晶质结构等（图4-67～图4-72）。

图4-67　玛瑙原矿　　图4-68　木变石原石　　图4-69　虎睛石

图4-70　鹰眼石　　图4-71　雨花玛瑙石　　图4-72　紫玉髓

③ 包裹体特征：因为石英质玉石的品种很多，所以每种不同的石英质玉石的内部特征各不相同，其中玉髓和玛瑙为隐晶质结构，质地细腻，但玛瑙有条带；木变石有平形波状纤维结构；东陵石则有粒状结构，可含云母或其他矿物包体。

④ 原料主要产地：石英质玉石分布广泛，几乎遍及全球，重要的产地有美国、中国、巴西、印度、乌拉圭、马达加斯加等，其中我国有20多个省市有玛瑙、玉髓的矿床，主要集中于东北三省，最著名的是阜新。

⑤ 常见颜色：石英质玉石颜色丰富，常见的有绿色、红色、白色、灰色、褐色、蓝色等（图4-73）。

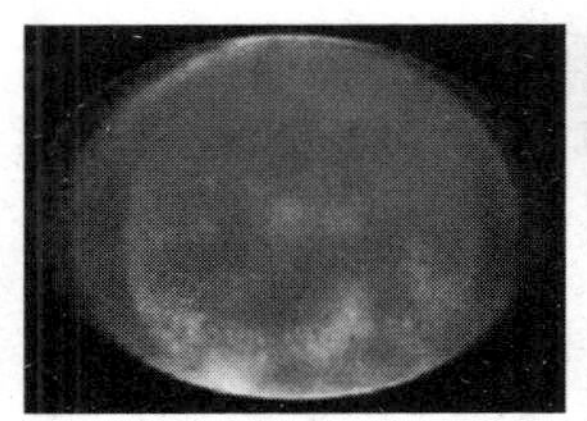

图4-73　不同颜色的石英

⑥ 相似宝石：石英质玉石的鉴别较为容易，市场上很少存在用其他玉石仿冒石英质玉石的情况，但是还是要注意区分石英质玉石与其相似的玉石和人工仿制品。相似的宝玉石有长石、蛇纹石等；仿制品主要有玻璃，但是玻璃为均质体，可能有气泡和流动纹等。

（5）蛇纹石

① 特性：蛇纹石（岫玉），是一族矿物的总称，含有至少16种碱式硅酸盐，因外观斑驳状如蛇皮而得名，主要分为四大类别：温石棉、叶蛇纹石、利蛇纹石和镁绿泥石。

② 晶体外形及结晶习性：蛇纹石属于单斜晶系，常呈隐晶质集合体、细粒叶片状或纤维状（图4-74）。

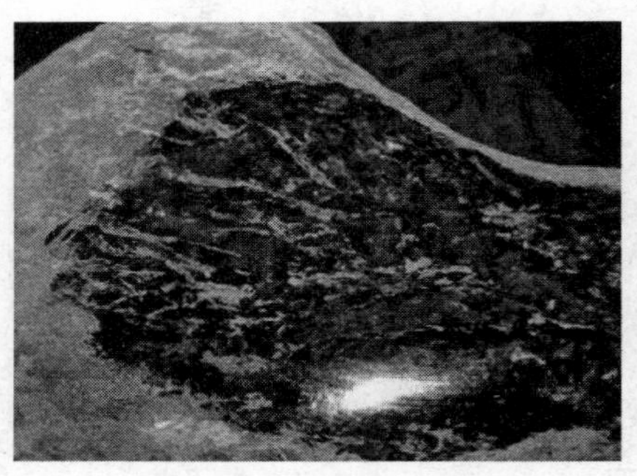

图4-74 蛇纹石原石

③ 包裹体特征：蛇纹石质地细腻，内部可能含有黑色矿物包体，白色条纹，叶片状、纤维状交织结构。

④ 原料主要产地：蛇纹石的产地很多，在我国主要产于辽宁岫岩县、甘肃酒泉、广东信宜、新疆昆仑山、台湾花莲、四川会理、山东泰山，国外主要产地有新西兰、美国、朝鲜和墨西哥等。

⑤ 常见颜色：蛇纹石常见颜色有绿至黄绿色、白色、棕色、黑色（图4-75）。

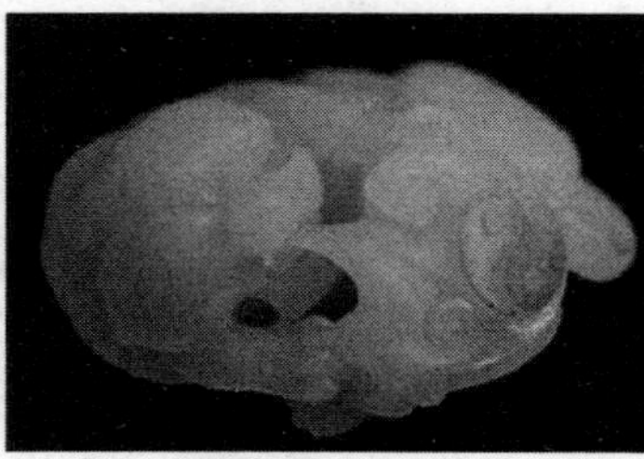

图4-75 常见的蛇纹石

⑥ 相似宝石：蛇纹石在中国自新石器时代就开始广泛应用，是中国四大名玉之一，常见的与蛇纹石相似的宝玉石有翡翠、软玉、葡萄石等，可以通过外观和仪器鉴定鉴别。

（6）独山玉

① 特性：独山玉石因产于河南南阳市郊的独山而得名，是一种黝帘石斜长岩，主要的矿物有斜长石、黝帘石，其他成分有直闪石、透闪石、阳起石、透辉

石和绿闪石。

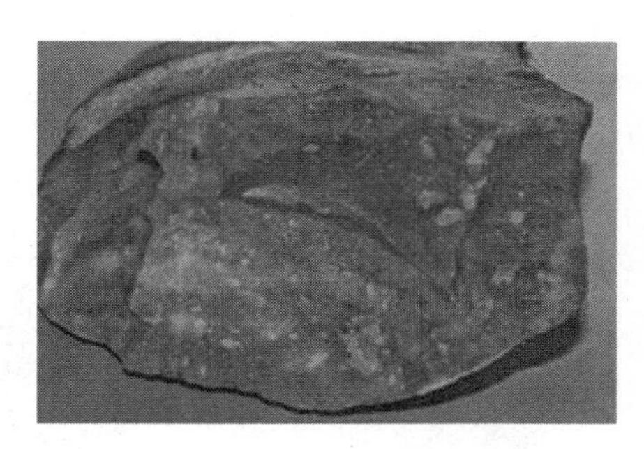

图4-76　独山玉原石

② 晶体外形及结晶习性：独山玉石多品质的多矿物集合体，常呈细粒致密块状，具有交织变晶粒状结构（图4-76）。

③ 包裹体特征：独山玉为纤维状结构，此外可见其蓝色、蓝绿色或紫色色斑。

④ 原料主要产地：独山玉是中国独有的玉石，主要产于中国河南省南阳市郊的独山。

⑤ 常见颜色：独山玉色泽丰富，有白色、绿色、紫色、黄色、黑色、蓝绿色等，并且在同一块玉料上一般可见多种颜色。按颜色分类可以分为白独玉、绿独玉、紫独玉、黄独玉、杂色独玉等（图4-77）。

图4-77　不同颜色的独山玉

⑥ 相似宝石：常见的与独山玉相似的宝玉石有翡翠、石英岩玉、软玉和蛇纹玉等。

（7）绿松石

① 特性：绿松石又名松石，是中国四大名玉之一，是一种具有独特蔚蓝色的玉石。矿物主要由绿松石及埃洛石、高岭石、石英、云母等矿物组成的一种致密的隐晶质矿物集合体，是一种含水的铜铝磷酸盐。

② 晶体外形及结晶习性：绿松石属于三斜晶系，通常呈块状或皮壳状隐晶质集合体（图4-78）。

图4-78　绿松石原石

③ 包裹体特征：自然界绿松石集合体的外部形态有致密块状、肾状、钟乳状、皮状、团块状和结核状等。并且绿松石常见暗色基质，如黑色斑点、褐黑色铁线等特征。

④ 原料主要产地：绿松石主要产于伊朗、埃及、美国、澳大利亚、智利等，我

国国内主要有湖北和新疆等地。

⑤ 常见颜色：绿松石的颜色可以分为蓝色、绿色和杂色三大类，包括浅至中蓝色、绿蓝色（图4-79）。

图4-79　不同颜色的绿松石

⑥ 相似宝石：绿松石因其独特的蔚蓝色被视为“蓝天和大海的精灵”，备受古今中外人士的喜爱。和绿松石相似的宝玉石及人工仿制品有水铝石、孔雀石、硅孔雀石、染色的菱镁矿以及蓝绿色的玻璃等。

三、具有特殊光学效应的天然宝玉石

（一）具有“猫眼效应”的天然宝玉石

猫眼效应是指：当把宝石加工成弧面形琢型后，在其弧面上出现一条明亮并具有一定游动性（闪光或活光）的光带，宛如猫眼细长的瞳眸一样的特殊光学效应。如金绿猫眼、变石猫眼、祖母绿猫眼、欧泊猫眼等（图4-80～图4-82）。

图4-80　金绿猫眼

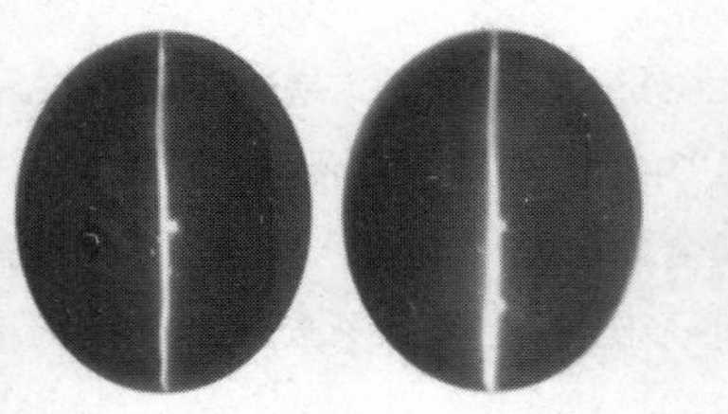

图4-81　变石猫眼

图4-82　祖母绿猫眼

（二）具有“星光效应”的天然宝玉石

星光效应是指：在平行光线照射下，以弧面形切磨的某些珠宝玉石表面呈现出两条或两条以上交叉亮线的现象，称为星光效应。每条亮带称为星线，通常多见二条、三条和六条星线。可分别称其为四射（或十字）、六射星线或十二射星光。如星光红宝石、星光蓝宝石（图4-83、图4-84）。

图4-83　星光红宝石

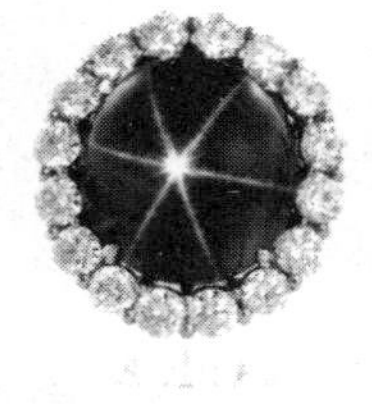
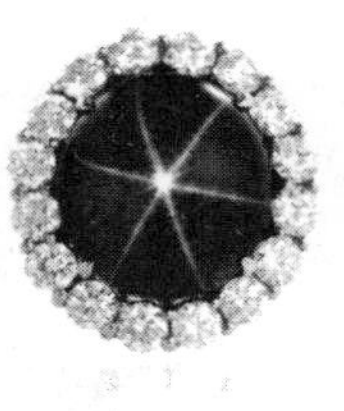

图4-84　星光蓝宝石

（三）具有“月光效应”的天然宝玉石

月光效应也称为光彩效应，是指在一个弧面形的长石戒面上转动宝石时，可见到一种波形的银白色或淡蓝色浮光，形似柔和的月光。代表性的就是月光石（图4-85）。月光代表浪漫，人约黄昏后，月上柳梢头。月光石被叫做“恋人之石”。

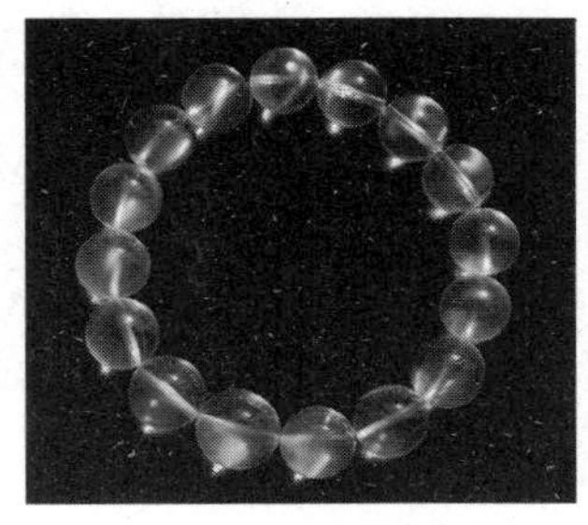

图4-85　月光石

（四）具有“变彩效应”的天然宝玉石

变彩效应是指当光线以不同的角度投射到衍射层上时，衍射颜色也会变化。具有变彩效应的宝石有：欧泊、拉长石等（图4-86、图4-87）。

图4-86　欧泊

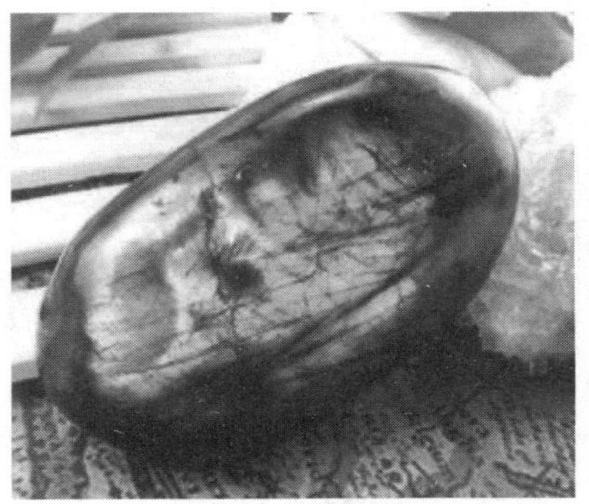

图4-87　拉长石

（五）具有“变色效应”的天然宝玉石

变色效应是指在不同光源的照射下呈现出不同的颜色，或者是色调有所改变。宝石的变色效应中最典型的即是金绿宝石变石。变石也称作亚历山大石，

1830年，俄国人在乌拉尔山脉东部的一个祖母绿矿中发现了变石，这天正值沙皇亚历山大二世的生日，故将具有变色效应的金绿宝石命名为“亚历山大石”。又因为变石出现的红、绿两色，是俄国皇家卫队的代表色，因此，变石在俄国深受喜爱，被尊称为国石。由于它具有在阳光下呈绿色，在烛光和白炽灯下呈红色的变色效应，许多诗人赞誉变石为“白昼里的祖母绿，黑夜里的红宝石”（图4-88）。

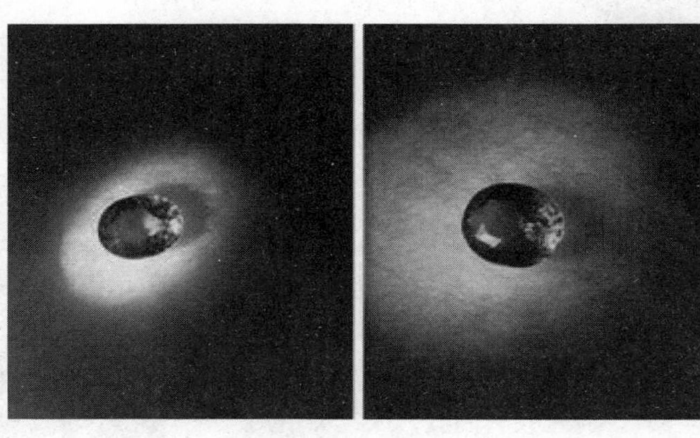

图4-88　变石

（六）具有“砂金效应”的天然宝玉石

某些透明宝石表面上呈现许多星点状闪亮的反光点，如砂金在水中闪烁，这种现象称为砂金效应，如日光石（图4-89）。

图4-89　日光石

第二节　金属材料

一、贵金属材料

自然界中，贵金属的种类不多，矿物蕴藏量少，因而生产量也不多，名贵又价高。

用于首饰制作的贵金属材料主要有金（Au）、银（Ag）和铂（Pt）族元素［包括铂（Pt）、钯（Pd）、铑（Rh）、铱（Ir）、锇（Os）和钌（Ru）六种元素组成的高纯度金属，以及适当添加共他金属的特制合金］。目前，大量用于首饰制作的贵金属材料是金、银和铂。

与一般金属元素相比，贵金属元素的化学性质相当稳定，具有美丽的金属光泽，具有很好的柔韧性和延展性，具有热、电、光和化学催化等方面特殊的性质。

（一）金

1.应用

黄金是人类最早发现并开采和使用的一种贵金属。在自然界中以砂粒状或块状体呈现，具有稀缺、延展性能优良、颜色美丽、抗腐蚀的特点，是有史以来最为人们喜爱的首饰制作材料（图4-90）。

化学符号：Au

发现：远古就被发现。

元素描述：柔软有延展性的亮黄色金属。

用途：金柔软有延展性，用于电气设备、首饰和钱币。金是红外线的优良反射体，因此在摩天大楼的玻璃表面敷一层金箔可以减少日光在楼内产生的热量。

2.成色

黄金的成色指金的纯度或含量，有以下三种表示方法。

（1）百分率法。百分率法是以百分比率（%）表示金的含量。

（2）成色法。成色法是以千分比率（‰）表示金的含量，具体使用时省去千分符号（‰）。例如，黄金首饰上标记的750金，则表示含金量为75%。

（3）K金法。在24份物质中金所占的份额用“K”来表示。市场上常常用24K表示纯金。自然界中，常见的自然金成色一般在86%～92%之间，通常达到99.99%左右就算高纯度了，也就是俗称的四九金。

K金的“K”是外来语“Karat”一词的编写，完整的表示法是这样的：Karat gold（即K黄金），K金的计量方法是：纯金为24K（即100%含金量），1K的含金量约是4.166%。

按国际标准，K金分为24种，即1K到24K。不过，作为首饰用的K金种类还不到这些，目前，世界各国采用的首饰材料都不低于8K。这样，实际上真正算作首饰用的K金种类是17种。在这17种K金材料中，18K和14K是使用最多的，它在各国首饰业中都是主要首饰原料。

图4-90　自然金

3. 金合金

向黄金中添加特定金属成分，可获得不同颜色，称彩色金。首饰主要使用三元合金，如金、银、铜；也有四元合金如金、银、铜和镍。

图4-91　自然银

（二）银

1. 应用

银的使用历史十分悠久。银的光泽柔和明亮，有着很强的亲和力，温润、细致、素雅的品质，让人很容易接近它（图4-91）。

化学符号：Ag

发现：远古就被发现。

元素描述：柔韧有延展性的银白色金属。

用途：银的合金与化合物分别应用在首饰与摄影器材中。银还是一种良导体，然而过于昂贵。

2. 成色

用百分率法和成色法。

银标记为S，镀银用SF（Silver Fill）。

（1）纯银。又称宝银，理论为100%，但实际中很难做到，一般不低于99%就称为纯银。

（2）足银。又称98银，英文符号为980S，即含银98%，含铜2%。

（3）92.5银。英文符号925S，即含银92.5%，含铜7.5%。

（4）80银。又称潮银，英文符号为800S，即含银80%，含铜20%。

图4-92　自然铂

3. 银合金

主要为铜银合金。

（三）铂

1. 应用

铂金又称纯白金，是一种密度很高的白色金属。铂金在自然界中产量较稀少，具有可塑性、韧性和很高的抵御腐蚀能力（图4-92）。

化学符号：Pt

发现人：乌罗阿

发现时间：1735年。

发现地点：意大利。

元素描述：稀有、柔软的银白色金属，非常沉重。

元素用途：用于制作首饰、坩埚、特种容器和标准量具衡具，充当催化剂，与钴合制强磁体。铂耐蚀、耐酸（王水除外）。

2.成色

主要采用成色法，次要百分率法，不用K法。

铂金，PT，通常被称为白金，但不是所有的白色金属都是铂金。购买铂金时请认准PT标志。

铂金首饰通常以含铂金的千分比来表明首饰的质地，同时也是首饰定价的根据之一。常见的标记有以下几种。

（1）足铂金。铂含量千分数不小于990，打“足铂”或“Pt990”标记。

（2）950铂金。铂含量千分数不小于950，打“铂950”或“Pt950”标记。

（3）900铂金。铂含量千分数不小于900，打“铂900”或“Pt900”标记。

（四）铂族其他元素

1.钯

钯金是世界上最稀有的贵金属之一，地壳中的含量约为一亿分之一，比铂金还稀有。世界上只有俄罗斯和南非等少数国家出产，每年总产量不到黄金的0.5%。钯金异常坚韧，钯金制成的首饰不仅具有铂金般自然天成的迷人光彩，而且经得住岁月的磨砺，历久如新。钯金几乎没有杂质，纯度极高，闪耀着洁白的光芒。钯金的纯度还十分适合肌肤，不会造成皮肤过敏。

化学符号：Pd

元素描述：柔韧而有延展性的银白色金属。

元素用途：在牙科器材和珠宝首饰中充当银的替代品。纯钯用来制造外科器械和机械表的主发条，还可充当催化剂。

2.铑

化学符号：Rh

元素描述：坚硬的银白色金属。

元素用途：镀在精密科学设备的表面，保护其不受磨损。也可与铂共同制成热电偶。

3. 钌

化学符号：Ru

元素描述：稀有的银灰色金属，非常松脆。

元素用途：用来增强铂和钯的硬度。飞机永磁发电机的铂合金里也要掺入10%的钌。

4. 铱

化学符号：Ir

元素描述：沉重而松脆的白色金属。

元素用途：制造坩埚和特种容器，与锇共同用于制造金笔笔尖。作为合金成分，用于增大铂合金硬度，制造耐热合金和充当标准量具衡具的合金材料。

5. 锇

化学符号：Os

元素描述：坚硬细腻的黑色粉末或坚硬而有光泽的蓝白色金属。

元素用途：用于制造金笔笔尖、电灯灯丝、高温合金、仪器转轴和轴承。非常坚硬，拥有所有金属中最佳的防锈性能。

二、一般金属材料

（一）铜

铜（化学符号：Cu）的新鲜色为粉红色调，但极易氧化成为绿色。铜易于加工，颜色温和，结实耐用，故自远古时期就被用作首饰材料。它的主要缺点是易氧化，并很快失去光泽，故纯铜首饰随后被各种铜合金首饰替代。以铜为主要成分的合金，最早有黄铜和青铜，后来又有了亚金、稀金等。

黄铜是铜和锌的合金，这种混合产生的黄色金属比它的任一成分都要硬。由于延展性差，大部分黄铜烧红后都经不起锻打，一锤就开裂。但又因其可塑性和抗腐蚀性良好，被广泛应用。黄铜分为两类：低锌黄铜和高锌黄铜。前者，含锌量少于30%，呈青铜色、金色，延展性较后者好，并且更耐腐蚀，不用加热也易于加工。后者锌量达30%～40%，呈黄色，与前者相比较结实，坚硬耐磨。大多数镀金首饰的金属原料为黄铜（图4-93）。

图4-93　黄铜首饰

（二）亚金

亚金是以铜为主，适当添加锌和镍等金属的另一类仿金的铜合金。亚金材料微泛绿色，密度比较小，悬挂时敲击声音清脆。亚金具有与黄金相似或相当的加工性质，但是，它在抗酸性和耐腐蚀方面不如K金。亚金是20世纪后期兴起的价格比较低廉的仿金材料。

（三）稀金

稀金是一种以铜、镍为主要原料，添加稀土元素及其他成分组成的仿金合金。其表面金属光泽和颜色、工艺性质均与黄金相似，而且耐磨性好、抗腐蚀，不退色。稀金是一类近年来新发展起来的比较好的仿金材料。

（四）铝

铝（化学符号：Al）是世界上储藏最丰富的金属，覆盖了地球表面的8%，在最易于锻铸的金属中排名第二，在最具韧性的金属中排名第六。通常作为一种名为氧化铝的氧化物，被发现于铝土矿中。它的颜色呈灰色，可以被阳极氧化成各种明亮的色彩。由于它具有抗腐蚀能力强、质地轻和成本低的特点，被大量用于建筑、家庭用具、包装等用途。

铝呈蓝白色，质轻，延展性好，不易氧化。当铝刚刚被发现时，其价格甚至高于金。现在，铝作为一种常见的普通金属，只用于制作一些装饰首饰和廉价首饰，其中有些经过阳极氧化和染色处理，产生缤纷的颜色。

据史料记载，1700年金属铝就出现了，但直到1825年才被从其他金属中分离出来。1884年落成的华盛顿纪念碑上，用铝做成重达100安士的冠，此前从来没有采用那么多的铝原料来制作物品。1886年，以铝为原料的商业产品被研制出来，自那以后，开发了很多种铝合金（图4-94）。

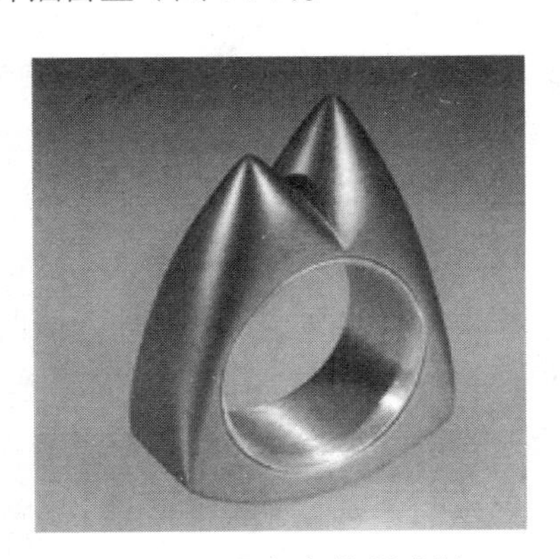

图4-94　阳极氧化铝戒指

第三节　非金属材料

一、珐琅

珐琅又称佛郎、拂郎、发蓝，是以矿物质的硅、铅丹、硼砂、长石、石英等原料按照适当的比例混合，分别加入各种呈色的金属氧化物，经焙烧磨碎制成粉末状的彩料后，再依其珐琅工艺的不同做法，填嵌或绘制于以金属做胎的器体上，经烘烧而成为珐琅制品。珐琅的基本成分为石英、长石、硼砂和氟化物，与陶瓷釉、琉璃、玻璃（料）同属硅酸盐类物质。熔融这些物质就形成一种几乎无色、无味的玻璃质釉层，而通过添加些许的金属氧化物，便可以产生不同的颜色。中国古代习惯将附着在陶或瓷胎表面的称“釉”；附着在建筑瓦件上的称“琉璃”；而附着在金属表面上的则称为“珐琅”，珐琅釉料有很多种，如块状、线状、液体状和粉末状，烧制成后的釉料有透明釉、不透明釉和乳白色釉。

元末明初的掐丝珐琅器釉质细腻，色调纯正，鲜艳明快，具有水晶般透明感。通常以浅蓝色作地，间饰红、黄、白、绿、紫、深蓝等色釉。从明宣德晚期开始，釉色略显灰暗，光泽度降低。这一时期的掐丝珐琅器地色除浅蓝色外，宝蓝色应用广泛。到万历年间，更出现了淡青、白等中间色地，珐琅色釉有所增加，新出现了赭、豆青、松石绿等色釉品种。清代的珐琅釉料品种丰富，所用色釉达几十种之多，但其有一个共同点，皆不透亮。

珐琅釉料的另一特征是表面沙眼现象，是由于硼酸盐含量过高以及烧制过程中的氧化还原作用所引起。工匠们常用“蜡补”的方法来补救，即用石蜡加入色粉制成色蜡，填充于沙眼之中。到乾隆时期，经改进工艺，杜绝了沙眼现象。

珐琅是一种既古老而又现代的艺术形式。一直以来，工艺界一直视珐琅为高贵的材质。由于拥有似玻璃的原料本质——烧制后的珐琅拥有宝石般的独特光泽和透明感，珐琅作为一种表面装饰的材料和工艺，在艺术领域中得到了广泛应用。近年来，珐琅以其绚丽而又饱满的色彩又赢得了首饰艺术家的青睐。珐琅熔融过程中的流动性，是其他固体宝石镶嵌所不能达到的，这就为首饰作品增添了几分随意性和趣味性（图4-95）。

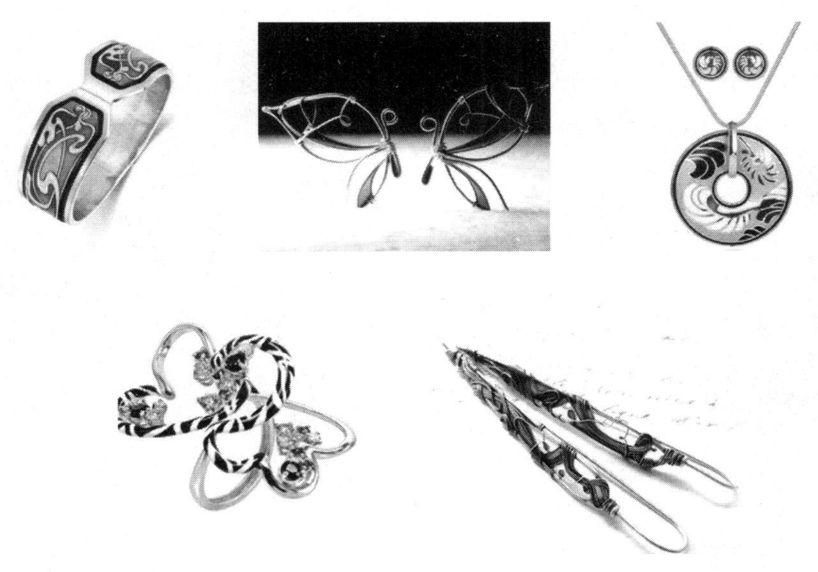

图4-95 珐琅首饰

二、陶瓷

陶瓷是以黏土为主要原料与各种天然矿物经过粉碎混炼、成型和煅烧制得的材料以及各种制品。陶瓷分为陶器和瓷器。陶器是以黏土为原料烧制而成的器皿，它的烧制温度一般不超过1000℃，胎质粗松，器表一般无釉或只涂有低温釉，故具有吸水性，敲击之声不清脆等特点。瓷器是以高岭土等作为原料，烧成温度高，在1360℃以上，并涂以高温釉烧制而成。瓷器色白质硬，呈半透明状，有好的强度、高的化学稳定性和热稳定性，故是电的不良传导体。陶瓷的主要产区为景德镇、高安、丰城、萍乡、佛山、潮州、德化、醴陵、淄博等地。

陶瓷包括由黏土或含有黏土的混合物经混炼、成型、煅烧而制成的各种制品，由最粗糙的土器到最精细的精陶和瓷器都属于它的范围。对于它的主要原料是取之于自然界的硅酸盐矿物（如黏土、石英等），因此与玻璃、水泥、搪瓷、耐火材料等工业，同属于“硅酸盐工业”的范畴。

陶瓷首饰中应用的瓷泥一般是高白泥，这种泥细腻而色泽柔和，是制作陶瓷首饰的理想材料。应用陶泥制作的首饰则给人一种原始而又古朴的韵味。陶瓷首饰在表现形式和表现内容上，以温馨而又自然的气息，表现了艺术家的理念与思考，并更多地注入了人的情感和思维方式。陶瓷装饰与器物的用途、造型和社会审美取向，有着密切而又不可分割的联系。装饰是对陶瓷器进行艺术加工的重要手段，它对提高器物的外观质量、丰富文化生活起着积极有效的作用。陶瓷装饰方法很多，主要可分为两大类：一类是釉下装饰；另一类是釉上装饰。一件好的陶瓷首饰，我们可以从中感受到作者对材料的尊敬，让材料自然流露，就像材料与我们有着面对面的交流（图4-96）。

图4-96　陶瓷首饰

三、玻璃

玻璃是异常神奇的材料，晶莹透亮，冷峻而坚固，同时具有折光反射的特点。它是一种能熔化的无机物，能被冷却成刚硬的物质而不结晶，所以，玻璃是刚硬的液体。玻璃是由无机氧化物产生，硅土（或沙子）是最重要的成分，玻璃中的其他氧化物只起修饰作用。大多数的金属氧化物能使玻璃散发出像光谱一样无限的色带，且仍保有它的晶莹透亮的质感。其缺点就是易碎易损。

最原始状态的玻璃是由沙、石灰及天然碳酸钠的混合物加热制成，并不透明。之后又逐渐发展为白、黄、红等鲜艳明亮的色彩。古埃及时的玻璃首饰就已经非常的精致和典雅。到古罗马时期，玻璃艺术品就已传达出一种浓郁的现代气息和美感。发展到今天，清澈明净的高雅气质在玻璃作品中达到了登峰造极的程度，现代玻璃艺术所呈现出的是一个绚丽多姿的世界。玻璃材质为许多首饰艺术家所钟爱，它在首饰中的应用则更加普遍，其缺点就是不容易把握（图4-97）。

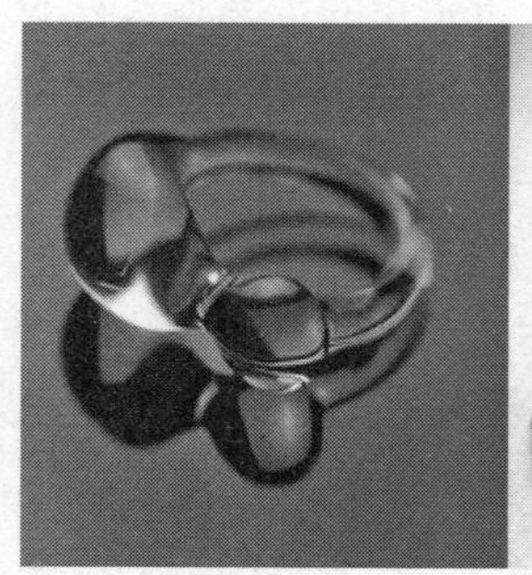

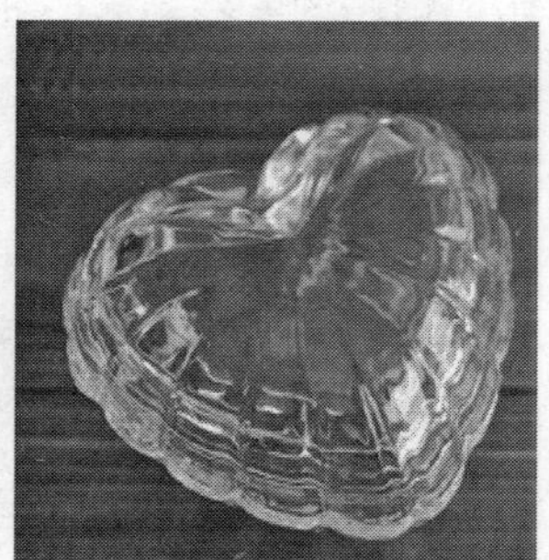

图4-97　玻璃首饰

四、树脂

树脂通常是指受热后有软化或熔融范围的有机聚合物，软化时在外力作用下有流动倾向，常温下是固态、半固态，有时也可以是液态。树脂有天然树脂和合成树脂之分。天然树脂是指由自然界中动植物分泌物所得的无定形有机物质，如松香、琥珀、虫胶等。合成树脂是指由简单有机物经化学合成或某些天然产物经化学反应而得到的树脂产物。

树脂工艺品是以树脂为主要原料，通过模具浇注成型，制成各种造型美观形象逼真的人物、动物、昆鸟、山水等，并可制成各种仿真效果，仿金、银、玉、翡翠、玛瑙、琉璃、仿水晶、仿铜、仿古、仿文物、盆景、假山、动漫游戏人物、儿童玩具、家具、佛教用品、建筑设施等都可以用树脂很容易地做出来。

由于树脂加热后能软化，方便塑形，是制作首饰的理想材料。不同于黄金、白银等传统贵金属材料，树脂是一种创新型的材料，这种材料易于加工，且色彩丰富。首饰艺术发展到今天，许多艺术家用这种新材料来表达自己对首饰概念的全新的诠释，也把我们带入了一个色彩斑斓、形式多样的首饰世界（图4-98）。

图4-98　树脂首饰

五、纤维

纤维是天然或人工合成的细丝状物质，不同用途的纤维，具有不同的性能，纺织纤维具有一定的长度、细度，弹性、可塑性等良好，还具有较好的化学稳定性。棉花、毛、丝、麻等天然纤维是理想的纺织纤维。棉纤维以柔软舒适为特点，麻纤维挺爽吸汗，毛纤维具有非常好的手感、弹性、保暖性，丝纤维轻滑亮丽。

随着越来越多的材料被应用到现代首饰设计中，许多首饰设计师开始关注纤维材料这一拥有独特艺术气息和人情味的材料。纤维材料作为一种与人最亲近的材料，已进入到人们生活和情感的深处，陪伴人们走过了漫长的历史道路，见证了人类文明的交会融通和发展。国外对纤维材料首饰的研究较为活跃，无论是纤维艺术与首饰设计结合而成的艺术首饰，抑或是商业首饰或流行首饰，都涉及首饰的各个种类，在工艺制作、材质搭配、设计主题上都凸显设计的含量，呈现耳目一新的新鲜感（图4-99）。

图4-99　纤维编制首饰

第五章

珠宝首饰设计基本方法

第一节　珠宝首饰设计构成要素

珠宝首饰设计可分为两大构成要素：一为形态、颜色与材料的外在表现；另一则是美的本质。形态主要是以点、线、面、非几何要素构成基本的形态；颜色是靠造型的光暗、浓淡及颜色的搭配来表现的；材料则是设计物的用料与其表面的纹理、光泽及颜色的呈现。这些外在表现的要件相互间有着紧密的关系，不能独立存在。而美的本质是一件成功的设计品创造美感最主要的依据与原理，美的本质必须和形态、颜色及材料紧密完美地组合成一体，形成一件合乎机能与审美价值的作品。材料要素在第四章已做分析，本章重点讨论形态、颜色在设计中的要素，以及珠宝首饰设计美的本质。

一、形态

（一）点要素

点可以说是面和体的缩影，它也有大小和形状，其判别依据个人经验而定。点的大小是在与其周围要素的比较中来表现的，在相同的视觉环境下，相对面积的大小越悬殊，点的感觉就越强，相反就失去了点的性质。首饰设计中所涉及小的宝石就可以理解成“点”。点的形状不同，给人的视觉及心理的反应也不同。一个外形凸的点给人的感觉是向外扩张的，反之，一个外形向内凹陷的点，视觉感觉也是向内收缩的。虽然点有形状和大小，但由于能感觉出的点之大小尺度很有限，要在点上表现出无限的形的变化是有些困难的。所以在实际的运用中，对于点的利用，重点不要放在太刻意追求点的外形变化上，而以点的空间关系为重点。

点通过各种方式（主要是点的连接构成、点的不连接构成、点的重叠构成、点的面化和线化及点的自由构成）可以构成线和面。设计中点的各种使用可以产生各种丰富的联想和情感（如图5-1 ～图5-4）。

（二）线要素

线由点构成，是点移动的轨迹。

线是设计造型的基本要素。线的粗细、曲直、倾斜、刚柔、起伏、波动等都是代表着或动或静，或是某种情感的表露。如粗线条富有男性强有力的感觉，但缺少线特有的敏锐感；细线具有锐利、敏感和快速度的感觉；由粗至细的一组射线给人一种现代的锋利之感，弧形曲线给人柔美之感。常用的直线有平行直线、放射线、折线和交叉线（如图5-5）；曲线有平行波浪线、弧线、同心圆线、心型线和花瓣型线等（图5-6～图5-8）。线的密集化则产生面。

图5-1　点的连接构成

图5-2　点的不连接构成

图5-3　点的重叠构成

图5-4　面状群镶的钻石18K黄金手镯

图5-5　交叉线构成

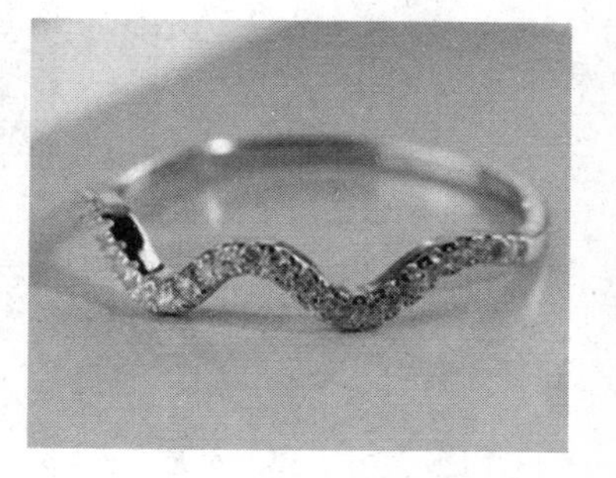

图5-6　波浪线构成

图5-7　同心圆线构成

图5-8　心型线构成

（三）面要素

面是线的移动轨迹，是体的外表。面可以由以下方式来产生。

（1）点和线的密集可形成虚面。

（2）点和线的扩展也可以形成面。

（3）面本身的分割、合成和反转也可以形成新的面。

面的外形轮廓和表面实感是引起视觉效果的因素。常用的面包括由直线组合或由曲线组合的几何面，它表现单纯、明快、简洁，但带有冷酷机械感；由生命或偶然性构成的非几何面表现生动，情感丰富，但比较复杂。（图5-9 ～图5-11）。

图5-9　项链运用了由菱形的点构成的几何面

图5-10　手镯由三层曲面构成（最下层曲面由花瓣点构成的虚面）

图5-11　胸针应用了花瓣造型曲面——非几何面

（四）非几何要素

非几何要素主要指由各种生命活动和偶然性因素所形成的造型元素。如人物、动物等各种自然形态及运动状态，来源于我们对生活的观察和感悟（如图5-12、图5-13所示）。

图5-12　手镯应用了非几何要素的猎豹造型

图5-13　应用了非几何要素的蚌壳孕育珍珠造型

二、颜色

颜色的搭配在珠宝设计中并不十分受重视，这是因为以前使用材料比较保守。但今天很多设计师大胆地采用了多元化与色彩丰富的材料，尤其是这几年，很多优秀的作品大量运用有色材料，使现今的珠宝首饰多姿多彩，得到大家的肯定与接受。在现代珠宝设计中，颜色的搭配理论、原理越来越受到重视，是现今学习珠宝设计不可或缺的一门学科。

一件设计作品其颜色的搭配是非常重要的，它会直接影响作品的生命力，所以在珠宝色彩的搭配中，必须考虑其周围相互的关系，并且还得斟酌使用材料的性质，依照色调、亮度和饱和度等颜色的三大要素来研讨，看哪一种方式最为适合，而且还得注意这些颜色在整件作品中所占面积的比例，最后还要考虑颜色的明暗度与鲜艳度。

（一）颜色的三大要素

1. 色调

在十二个基本色调中，可以把它分为暖色、冷色和中性色。这些色系是设计者不可忽视的基本观念，因在色调的搭配中得靠它来作引导。

2. 亮度

亮度差异的安排能使作品具律动感及轻重感，亦能表现出强烈的对比或柔顺优美的效果（如图5-14、图5-15所示）。

图5-14　柔顺优美的亮度

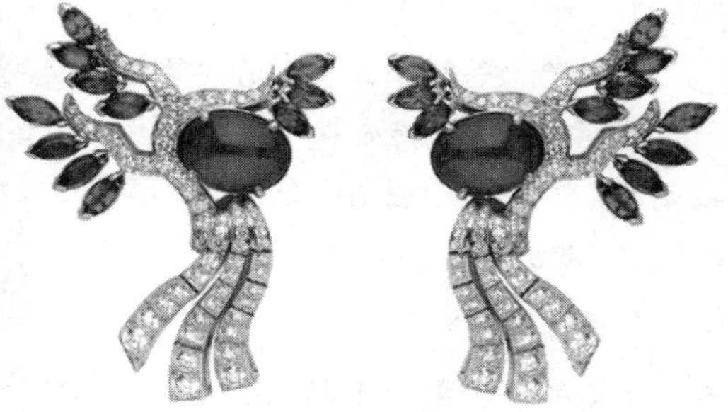

图5-15　轻重感的亮度

3. 饱和度

饱和度是指色彩的鲜艳程度，也称色彩的纯度。纯的颜色都是高度饱和的，如鲜红、鲜绿。混杂上白色、灰色或其他色调的颜色，是不饱和的颜色，如绛紫、粉红、黄褐等。完全不饱和的颜色根本没有色调，如黑白之间的各种灰色。

饱和度与亮度之间有着极为密切的关系。在色调搭配的作品中，高亮度、高饱和度及暖色系的色调会使人感觉明朗、清爽。中亮度、中饱和度则会有平淡与安详的感觉。低亮度、低饱和度及冷色系的色调会产生厚重、稳重及朴实的感觉（如图5-16、图5-17所示）。

图5-16　高亮度、高饱和度及暖色系的珠宝

图5-17　低亮度、低饱和度及冷色系的珠宝

（二）颜色的搭配原理

当两种或两种以上的颜色组合在一起时会产生一种视觉效果，这种效果因不同颜色的搭配，在视觉中会自然地产生对比的作用与关系，使人感觉冷、暖、明、暗、强等各种不同的情感。协调的颜色搭配会令人愉快、和平与安详。但不调和的搭配则会使人产生错乱、不安和不愉快的感觉。所以颜色的搭配必须适当，才能真正发挥颜色的功能，并充分表达颜色美感。

在颜色的搭配中，所谓的调和颜色是有规律的、有秩序的组合。我们可以利用颜色三大要素的变化，来调整颜色之间的关系，并以统一与变化的平衡原理加以整理，同时还得考虑颜色所占的面积比，进而达到调和的效果。以下是常见的颜色调和原理。

1. 类似的调和

颜色的搭配最讲求颜色的调和，当色环中相近的色调、类似的亮度与饱和度组合时，颜色很自然地容易产生统一感。但由于这些颜色共性多、变化小，因此会显得单调贫乏。所以为了使作品具有生命力，我们必须做少许改变，如在相同的色调或类似的颜色中，改变其亮度、饱和度而得到变化。在珠宝首饰中，相同色彩的金属组合时，我们可以在金属中以不同的表面处理（如光身、打砂、树皮纹等）或镶嵌钻石，以达到改变亮度与饱和度的效果，或每个局部以不同的形态来寻求改变，以突破相同颜色所造成的呆板，而获得稳重与安全的调和颜色。

2. 对比的调和

刚好与类似的调和相反，是从变化中求统一。对比的颜色近乎成对立状态，使作品变得太过于纷乱，产生压迫感与不偷快感。所以在强烈的对比中，必须在变化中找寻统一。例如，色调呈强烈对比时，我们则可在亮度与饱和度中求统一。又如，饱和度和亮度呈对比搭配时，则可利用相同或相似的色调来统一，或者用相同或近似的造型来帮助达到统一的效果。在现代的珠宝首饰中常采用强烈的对比，来表现作品富有生命力、热情与明快的感觉。

颜色的搭配变化非常广，但在应用时无非是讲求颜色的调和，以达到稳定与和谐美。所以只要我们在设计时，多加注意其中的变化，相信将不难掌握其中的奥妙。

第二节　珠宝首饰设计美的本质

珠宝首饰设计主要是一个立体造型的创造过程，本节简单介绍立体造型的体、肌理以及构成形式在首饰设计中的应用。

一、体的构成与方法

体是点、线、面在三维空间的延伸。按照体的构成方式不同划分：线材体、面材体和块材体。

（一）线材体

由线延伸构成的称为线材体。

线材以长度为特征，表现为轻快、紧张，具有延伸感和运动感；线材构成体的过程中，线与线不同的相对位置的排列可以得到不同的线群结构，从而形成不同的感觉，如交错感、韵律感，层次感及伸展感。

线材包括硬质线材和软质线材两大类。硬质线材构成体的方式有框架构造、网架构造、单体造型等。单体造型指将单个硬质线材逐个固定，进行转体变形。形式有发射、渐变、旋转等，然后再进行交错、重叠和穿插来形成各种造型。造型要点是通过线材的上下堆积和前后左右的连续发展来创造一种秩序感、韵律感等。软质线材构成体的方式有拉伸和结索等方式。结索是利用不同的编结打结方式来进行造型设计，可广泛应用于一些以非金属（丝线、塑料等）为材料的首饰设计中。我国传统的编结艺术及一些少数民族的首饰实际上就是运用这种构成形式来进行艺术造型的。现代首饰工艺中金属材料有时也运用软线材的方式来进行造型：如金丝编织的项链、结索的造型等（如图5-18 ～图5-21所示）。

图5-18　硬质线材体的网架构造形式

图5-19　单体造型的硬质线材体重叠形成具韵律感的首饰造型

图5-20　软质线材体在首饰中的构成方式

图5-21　金属软线材体在首饰中的构成方式

（二）面材体

图5-22　手环

由面延伸构成的体称为面材体。

面材体是由二度空间的平面构成。面材本身具有扩展感、充实感和轻快感，它可以通过弯曲、折曲等方式构成体。在造型过程中注意面材可以是平面，也可以是曲面，造型的形式有重复，渐变等。由于首饰一般体积较小，所以用来进行造型的基本面材的数量不宜太多，以免显得杂乱和繁杂，影响视觉效果（图5-22）。

（三）块材体

由体自我变化得到的新体称为块材体。

由基本块材通过变形和重新组合得到新的体，方式有变形、形体切割和形体组合三种。这在首饰设计中经常大量运用，是首饰造型设计的重要手段（图5-23）。

图5-23　形体切割和组合的造型形式

二、肌理在首饰设计中的应用

（一）首饰造型中肌理的创造方法

肌理是指作品的表面效果，即表面质感，包括材料本身的纹理和人为创造的肌理效果。具体到首饰设计中是通过不同颜色的表面纹理来增强首饰造型的艺术效果。在首饰造型中肌理的创造有一些常用方法：喷砂、打磨砂面、抛光、丝光（拉砂）。

图5-24　喷砂

（1）喷砂。在首饰抛光后使用喷砂机将首饰表面局部或全部处理为磨砂效果，这种方法可使金属不再耀眼而具有细腻、朦胧、柔和的光彩，感觉上更具品位（图5-24）。

图5-25　打磨砂面

（2）打磨砂面。与喷砂作用相似，只是在效果上较为粗糙（图5-25）。

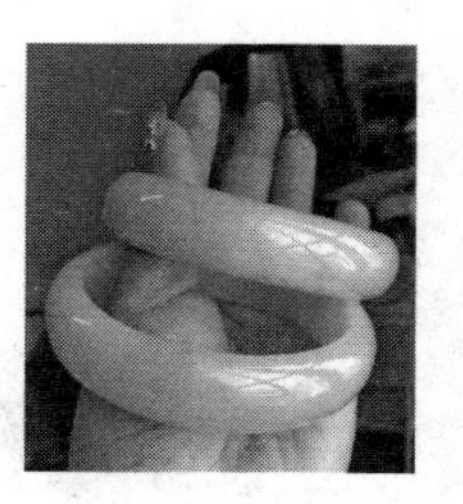

图5-26　抛光

（3）抛光。用抛光机打磨，使金属特有的耀眼光泽完全呈现出来（图5-26）。

（4）丝光（拉砂）。使用铜丝将首饰表面处理得如丝绸之感，品位高贵而典雅（图5-27）。

图5-27　丝光（拉砂）

除了上述几种常用方法外，首饰造型中肌理的创造还有仿木纹处理、车花、电镀等方法，大面积的镶石处理实际上也创造了一种肌理效果。

（二）珠宝首饰表面肌理的形式

时光流逝，日新月异，首饰的存在仅仅作为保值的时代早已成为历史。随着人们物质生活的发展和精神生活的提高，人们的消费观念也发生了很大转变，表现在首饰上的就是更加注重首饰的个性和装饰性，首饰表面肌理的形式体现出多元化的情感，不同的肌理形式给人以不同的心理情感暗示，例如首饰表面树木褶皱的肌理，给人以原生态的自然情感。

1.优雅简洁型

优雅和简洁是永恒的主题。首饰以时尚内涵的深度把握和从容演绎，释放女性的个人魅力，倡导个性意识，融入丰富的情感与文化内涵，以庄重、独立、自信、和谐为设计原则。首饰表面肌理以细腻光亮、简单而又精致来表现女性的优雅简洁，低调中透露华丽，尽显当代女性个性魅力。

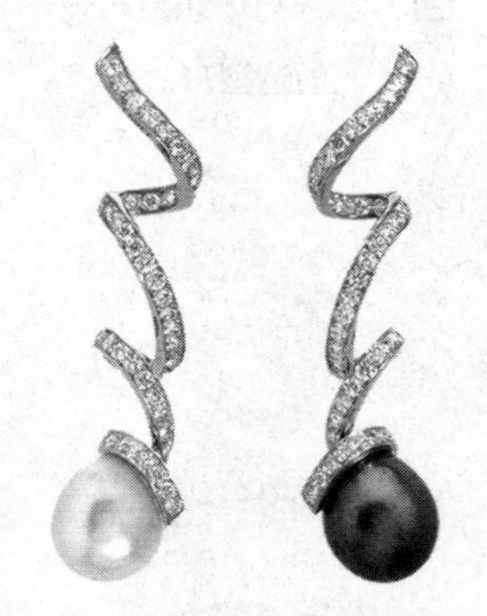

图5-28　铂金钻石珍珠耳环

优雅简洁型的首饰肌理实现于都市浪漫经典的时尚气息中，整体又不失东方文化的优雅精致，以传统的钻石、珍珠等同黄金和铂金的表面质感相结合，将简洁优雅进行到底。图5-28首饰表面处理精巧细致，富有曲线美，铂金、钻石与珍珠的表面质感对比丰富，是清丽脱俗、优柔文雅女士的最爱。经典的轨道镶嵌钻石使首饰表面肌理优雅简洁，让许多女人爱不释手，流光溢彩的首饰肌理表面，简洁的造型，使方形钻石的表面质感呈现最完美的光彩（图5-29）。当然，优雅简洁中也有一些新形式出现，如黑白配等。黑、白珍珠的组合，黑玛瑙与碎钻的组合……使人感受到首饰表面肌理黑白两色不同质感的对比（图5-30）。

图5-29　轨道镶嵌钻石项链

优雅简洁型的首饰风格主导当前世界首饰流行趋势，注重造型的线条流畅与表面肌理的光彩。倡导和引领时尚都市白领女性的佩戴理念，充分体现白领阶层的时尚休闲氛围，将产品的价值融入到氛围的感受中去，从而提高首饰的潜在价值，引导全新的消费理念。优雅、简洁又不失华贵，从每一个细节中表现自然的美态，散发女性特有的气质，多元设计同不同材料相结合，创造出不同的肌理质感，不同的肌理质感散发不同的光彩，配合每一个场合、不同的时刻。

图5-30　镶黑玛瑙钻石戒指

2.浪漫自然型

渴望青春永驻是每个女人的追求，在适当的场合、合适的时间，运用首饰把自己浪漫、纯真、可爱的一面恰当地展现出来，凸显自己的另一面。浪漫自然型的首饰表面肌理以原生态的形式体现，例如花草植物的鲜艳色彩、动物的可爱造型、钻石镶嵌的蝴蝶等是其主要表面处理再现形式（如图5-31）。这样设计的花样珠宝，带给女人纯真、浪漫的情怀和童话一般的色彩。花朵、蝴蝶、昆虫、树叶、水滴，这些大自然美的事物，首饰设计师通过首饰表面处理的不同肌理形式实现，而肌理以接近原生态的质感为浪漫自然感觉提供心理感受依据。如今，花朵的势力来势更凶猛了，成了首饰设计师在表现浪漫自然型时最爱的表面处理肌理手法。

图5-31　蝴蝶系列项链

同时，除了珠宝，一些特殊材质在浪漫自然肌理形式中也广为运用，如树脂、珐琅、木头、丝绸等，利用这些材料的原生态质感在首饰肌理中再现浪漫自然的心理情感。如图5-32所示设计师用珍珠和丝绸相结合，可以根据喜好随意更换丝绸的纹样和色彩图案。首饰表面处理的肌理以丝绸本身的花纹表现出柔软温馨自然的质感，给人以随意、轻松的童真感觉。

图5-32　深灰丝绸珍珠项链

3. 复古怀旧型

时尚首饰界广推复古怀旧风潮，例如中国风、印度风、日本风……一些东方红、玫瑰红、墨绿、湖蓝的宝石、翡翠或珐琅等体现了浓浓的东方复古怀旧情调。特别是东方的神秘意境和浓厚的文化底蕴、特色传统一直是设计师的极力推崇。从日本的浮世绘到中国的书法及传统图案等东方元素，即使是西方的顶级珠宝也不能自已。复古怀旧的肌理表现为颜色、纹样的东方元素的运用，使首饰的表面肌理处理形式不再是完全的传统。在表面肌理形式复古怀旧的同时结合了设计的现代感，使首饰表面肌理实现传统与现代相结合。

如图5-33作品以中国传统的琵琶纹样为基本元素，结合现代设计理念同翡翠、锆石镶嵌完美结合在一起。首饰表面肌理形式通过琴弦的质感形成极具现代感的肌理效果，使首饰表面处理的技术与艺术完整地表达了复古怀旧的神到意到，韵味十足地表现出了

图5-33　翡翠琵琶吊坠

极具特色的复古怀旧情愫。

4.舞台戏剧型

首饰作为戏剧服装的配饰，是舞台剧中重要的视觉形象之一，对人物形象的塑造能起到重要的作用，在适应戏剧内容的要求下，凸显出戏剧的冲突性，并向观众提供该出戏剧的一些相关信息，比如国家、时间等。同时也可以暗示人物的身份、性格、命运等。首饰的表面肌理通过不同的材料表现出风格各异的效果。因此，怎样选择与戏剧本身内容相符合相协调的材料，如何运用首饰表面的肌理效果来完善舞台戏剧首饰佩戴的设计，是一个永远需要创新的设计环节。

不同的戏剧种类，其舞台配饰所选用的材料及首饰表面肌理完全不同，这是由它们不同的表演方式所决定的。优秀的戏剧服装配饰设计要能够明确地体现戏剧的主题，且需要做广泛的调查研究，以了解戏剧内容及其人物的各种环境，还要与舞台环境的要求相结合。在首饰表面肌理的设计运用上，要了解戏剧人物的个性及特点，要依据戏剧的内容来确定首饰表面处理技术与艺术的表现，还要考虑到文化的因素；在材料的选择方面，要根据不同的戏剧舞台和人物要求，选择相适应的材料，以便更好地通过首饰表面肌理来更形象地辅助舞台戏剧的表现内容。

在戏剧中，可以根据戏剧的主题对首饰表面肌理形式进行适当夸张，它能有效地表现戏剧舞台中人物的特点，从而为表现戏剧的主题和塑造人物形象服务。

三、形式美在首饰设计中的应用

在人类自身、自然界和人工制造的各种产品中，由一定的色、形、声所构成的美，在审美历史发展中，形成了一定审美格式，成为美的规律。珠宝首饰的美重点在于其形式美，形式美的法则主要有以下几个方面。

（一）均齐与渐次

均齐的形式是一种最简单的组合，其特征是具有全部或一部分数量上的重复和整体外表上的一致，在首饰设计中应用很广。它常使人感到具有整齐、均一、朴素、稳定、庄重之美，但同时也存在着单调、呆板的弊端，常见的项链、手链、手镯就属于此类（图5-34）。

渐次则是均齐的变形，是首饰设计中的一种逐渐演变，如由小到大、从浅变深、由薄至厚等，或按某一基本形态作有规律的近似变化。与均齐相比，渐次克服了均齐所具有的单调、乏味的弱点，而具有一定变化的整体美（图5-35）。

图5-34　均齐

图5-35　渐次

（二）对称与均衡

对称是指形式中以一条线为中轴线，线的两端或左右相等（或旋转相等）的一种组合。它常给人以一种稳定、庄重之感，在首饰设计中广为采用，几乎适用于任何款式，这样的首饰往往适合于中老年人和具有一定身份的人佩戴（图5-36）。

图5-36　对称

均衡俗称“平衡”，由对称演化而来。其中轴线两侧的形状并不相同，而视觉重量却相等或相近，在首饰设计中应用也很广。与对称相比，它更自由和富有变化，更显得灵活、生动，可形成一种静中有动、统一和谐的气氛，颇受女士喜爱（图5-37）。

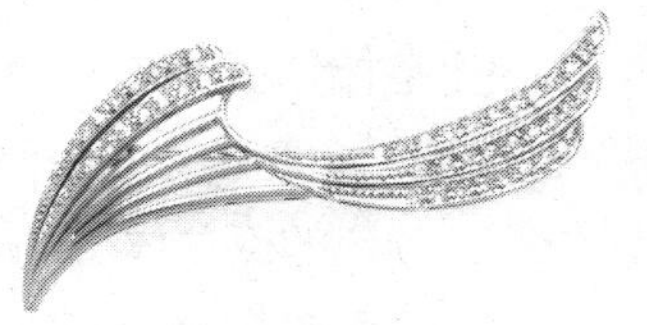

图5-37　均衡

（三）节奏与韵律

在首饰设计中表现为一种有节奏的规律组合，如不同颜色、图案等呈具有节奏的更替和重复。与此有密切关系的是韵律，它是节奏变化的一种组合形式，如颜色和图案等的强弱起伏、明暗变化，既有差异而又相互呼应（图5-38）。

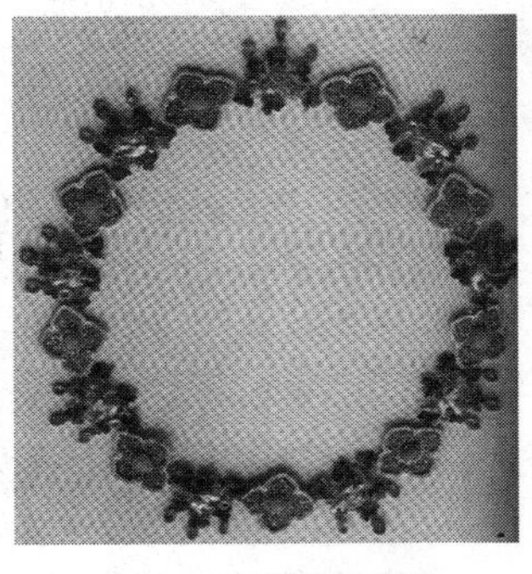

图5-38　节奏与韵律

（四）调和与对比

调和是把形式中两种相近的事物放在一起，不是分离和排斥，而是统一与和谐的一种有秩序的组合。如颜色上的灰与白、绿与蓝，形状上的正方形与长方形、圆形与椭圆形等。它们既有差异，又趋于一体，常给人以一种协调、和谐、融合、安定、自然的心理感受（图5-39）。

对比是把形式中两种相异的事物放在一起，进行对照和相互比较的一种组合。如构图的虚与实、聚与散，形态的方与圆、大与小，线条的长与短、直与曲、粗与细，位置的远与近、高与低，颜色的红与绿、黄与紫等。它们往往呈现出急剧和强烈的变化，从而给人以鲜明醒目、跳跃活泼、变化迅速的深刻感受（图5-40）。

图5-39　调和

图5-40　对比

（五）变化与统一

变化是指形式中各个整体之间和整体中各个部分之间因差异而具有的一种或一类组合。如图案的方与圆、大与小，图案与图案之间排列的疏与密、高与低、远与近，颜色的深与浅、明与暗、冷与暖等，亦包含了渐次、对比等因素。

统一主要是指各个组成部分的协调及和谐，要求将其各种因素集中于首饰的款式设计和加工工艺之中，使之成为和谐完美的统一体。这样，首饰就会既丰富、生动又富有秩序和规律而不杂乱。

第三节　宝玉石设计的款式

一、宝玉石的琢型设计

宝玉石款式就是指宝玉石的造型，它是宝玉石原石经琢磨后所呈现的式样，也称为琢型或切工（型）。常见的宝玉石琢型可分为四大类：凸面型、刻面型、珠型和异型。

（一）凸面型

凸面型又称弧面型或素身型（俗称腰圆）。其特点是观赏面为一凸面（弧面）。根据凸面型宝玉石的腰形（腰部的外部形状），可将凸面型琢型进一步分为圆形、椭圆形、橄榄形、心形、矩形、方形、垫形、十字形、垂体形等。若根据凸面型宝玉石的截面形状，可将凸面型琢型分为以下五类（图5-41）。

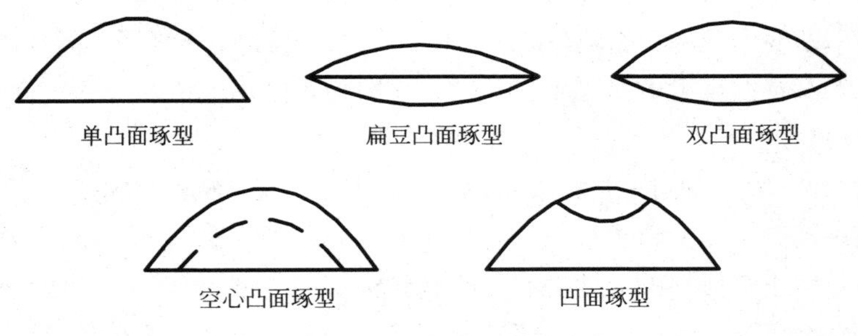

图5-41　凸面型宝石常见琢型

（1）单凸面琢型。琢型顶部呈外凸的弧面，底部为平面。

（2）扁豆凸面琢型。该琢型上下凸面弧度一样，高度都比较低，呈扁豆状。欧泊石有时采用此琢型。

（3）双凸面琢型。这种琢型的特征与扁豆凸面琢型相似，但其上凸面比下凸面高。星光宝玉石、猫眼石、月光石多用此琢型。

（4）空心凸面琢型。该琢型是在单凸面琢型的基础上，从底部向上挖一凹面空心。此琢型多用于色深、透明度低的宝玉石，经挖洞后，使其顶部变薄，以增加透明度，颜色也变得鲜亮些。翡翠就常用于次琢型。

（5）凹面琢型。此琢型亦常用于组合宝玉石，其基本形状与单凸面琢型一样，只是在顶部凸面上又向下挖了一个凹面，目的是为了在凹面中再镶上一颗较贵重的宝玉石，如星光宝玉石或猫眼石等。

（二）刻面型

刻面型又称棱面型和翻光面型，其基本特点是宝玉石造型由许多小翻面按一定规则排列组合构成，呈规则对称的几何多面体，刻面型琢型的种类很多，据统计达数百种之多，常见的也有二十多种，这些琢型根据其形状特点和小面组合方式的不同，可分为四大类。

（1）钻石式。这是目前运用最多的琢型。它起源于钻石晶体形状，也主要用于钻石的造型，不过其他彩色透明宝玉石也多用此琢型，如紫晶、海蓝宝玉石、橄榄石、紫牙乌、黄玉等。

标准圆钻式琢型是基本琢型，其他钻石式琢型多由其变化而来。因此，掌握好圆钻式琢型的特点，可以在设计中举一反三，达到事半功倍的效果。

现代圆钻式琢型的设计思想非常明确，那就是：尽可能地表现出钻石的“火彩”和“灿光”特点。至于保存尽可能多的重量，已退为次要考虑的方面。现代圆钻式琢型始于二十世纪初，由马歇尔·托尔科夫斯基首创。他在1914年根据光学原理提出，通过减小圆钻式琢型的冠角和亭角，可以增强亮度（实现“灿光”）。他设计的早期现代圆钻式琢型在美国被广泛采用，因此也被称为美国理想式琢型。在马歇尔的圆钻式琢型的基础上变化的，一般仅在翻面比例、台面宽度和高度方面进行改进。

近20年来，现代圆钻式琢型的发展日益完美，翻光面越来越多，而琢磨精度要求也越来越高。图5-42中给出了几种比较著名的现代圆钻式琢型，当然，这些琢型一般只用于高质量的大块钻石。而现代钻石式琢型除了圆钻式琢型外，还有许多其他变型。这些琢型实际上仍然沿用了圆钻式的尺寸比例和角度，只是腰形不同而已，这一方面是为了迁就原石的形状特点，另一方面也使琢型向多样化方向发展。特别是对彩色宝玉石的设计，目前经常采用这些变形琢型，以适应市场需求。

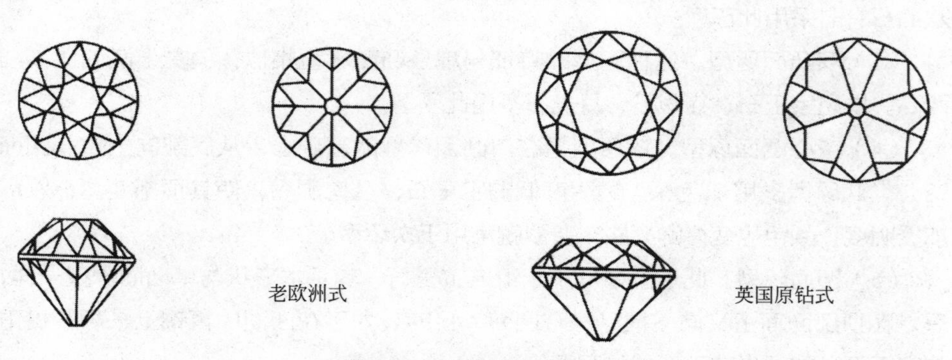

图5-42 现代圆钻式琢型

（2）玫瑰式。主要用于那些不完整的钻石晶体（如板块、尖角状和一些厚度较薄的碎片）的设计。其出现时间可能稍晚于钻石式，在18世纪达到鼎盛，近代用得越来越少，该琢型因其正面看上去形似一朵盛开的玫瑰花，故而得名。

玫瑰式琢型的主要特点是，上部由多个小面规则组成，下部仅有一个大而平的底面，看上去像个单锥体，这样的琢型，对于“火彩”和亮度都不利，但其优美的几何形状和适用性仍有一定的吸引力，所以有时仍可以见到这种琢型。

在玫瑰式琢型中，荷兰玫瑰式最为常见。这种琢型一般在上部中央有6个三角形翻面顶角相连构成一个正六边形，六边形周围有12个或18个小三角翻面环绕。除了荷兰玫瑰式外，还有一些其他玫瑰式琢型，图5-43列出了部分常见的玫瑰式琢型。双玫瑰型是单玫瑰型的变型，它的底部与上部对称。历史上曾有两颗名钻：Florentine（137克拉）和Sancy（55克拉）就是被琢磨成双玫瑰式琢型，这两颗钻石都来自印度。

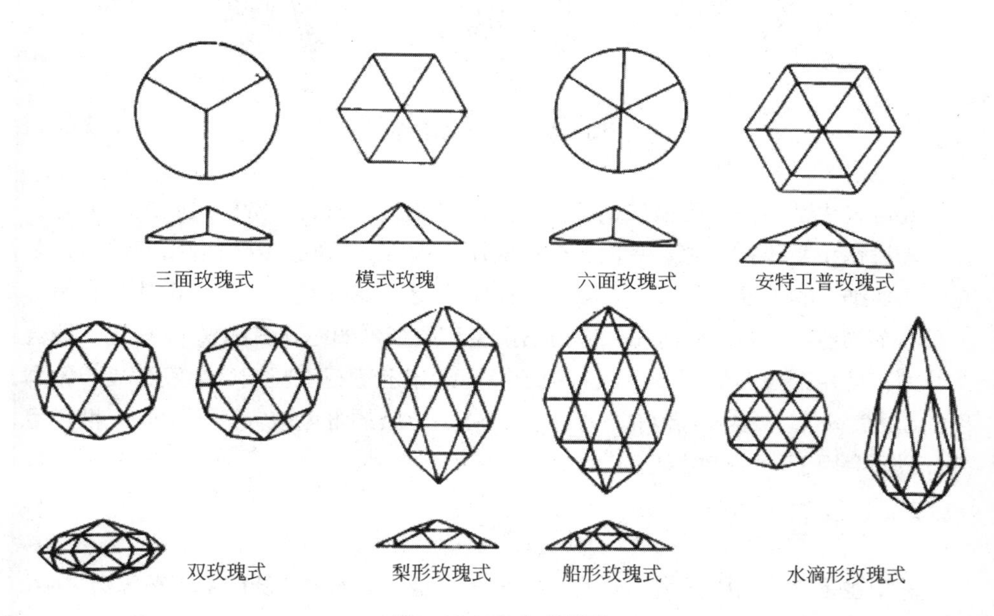

图5-43　玫瑰式琢型

（3）阶梯式。阶梯式琢型最大的特点是具有阶梯状的翻光面，其最典型的琢型是祖母绿式，该琢型由于常用于祖母绿宝玉石的琢磨而得名。由祖母绿式变化来的琢型很多，从正方形到长条形都有，这主要取决于宝玉石原石的形状。

在阶梯式琢型中，翻光面的数目和阶梯数不是重要的，因为此琢型的主要目的是为了使透明的有色宝玉石表现出浓艳鲜亮的色彩，闪耀并不重要。因此，其亭部比钻石式深，而冠部相对较浅，且台面比较大。正是因为阶梯式琢型在面角比例上不像钻石式要求那么严格，所以它在彩色透明宝玉石中应用很广，可以适应各种形状、大小的宝玉石原石的切磨，并且省料省工。目前它已成为市场上最常见的琢型之一。图5-44所示的琢型是比较大的宝玉石常用琢型。

（4）混合式。混合式琢型是指由前述几种琢型混合而构成的琢型。其冠部可以是钻石式，也可以是阶梯式。

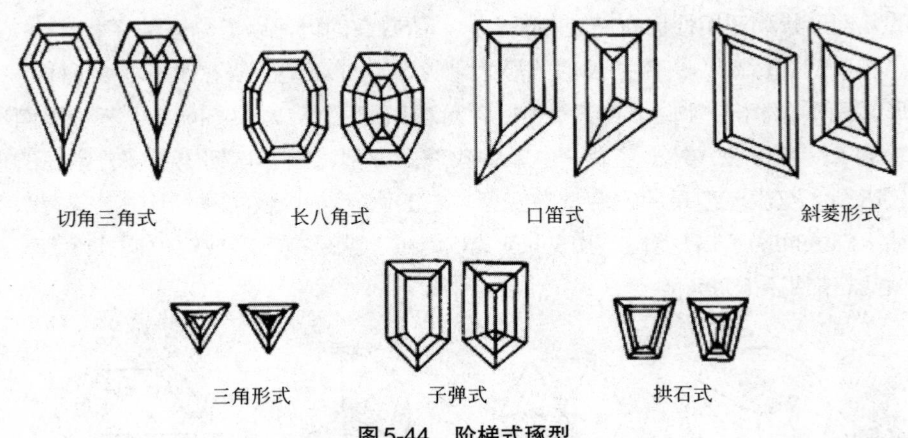

图5-44　阶梯式琢型

混合式琢型适用范围很广，它的优点就是兼有钻石式和阶梯式两类琢型的长处，并且造型上不拘一格，变化多样，适用性很强。因此它既可以用于钻石，以充分体现钻石的“灿光”和“火彩”，也可以用于其他彩色宝玉石，以体现有色宝玉石浓艳的色彩，有时还可兼顾宝玉石重量和闪耀（如巴利奥钻式）。总之，混合式琢型在使用时十分灵活，可以有利于设计师和宝玉石工匠们尽情发挥其想象力和创造力。不过，混合式也有一个缺点，就是琢磨的难度较大，不适于大批量生产，只适合用于一些高档宝玉石的设计和琢磨。

（三）珠型

珠型也是宝玉石中最常用到的造型之一，通常用于中、低档宝玉石琢磨之中，可以用于制作不同的首饰，如项链珠、手链珠、耳坠珠、胸坠珠和其他佩饰珠。

珠型以各种简单的几何体为主，适用于半透明至不透明的宝玉石琢磨中，它既可以表现宝玉石的色彩美，又可体现几何形态的规整美。由于其几何形状简单规整，且所用宝玉石原石量多价廉，因而可以大批量生产出规格完全一样的琢型。

珠型根据其形态特点可分为：圆珠型、椭圆珠型、扁圆珠型、腰鼓珠型、圆柱珠型和棱柱珠型等（图5-45）。珠型的魅力并不主要表现在单粒珠子上，而是在十几个乃至上百颗同一琢型或不同琢型的珠子所串成的造型上，这种整体造型可简可繁，可长可短，变化万千。人们可以根据自己的爱好、服饰需要等进行选择。因此，珠型宝玉石是人们最常佩戴的首饰石之一。

（四）异型

异型宝玉石包括两种琢型类型，一种是自由型，另一种是随意型（简称随型）。

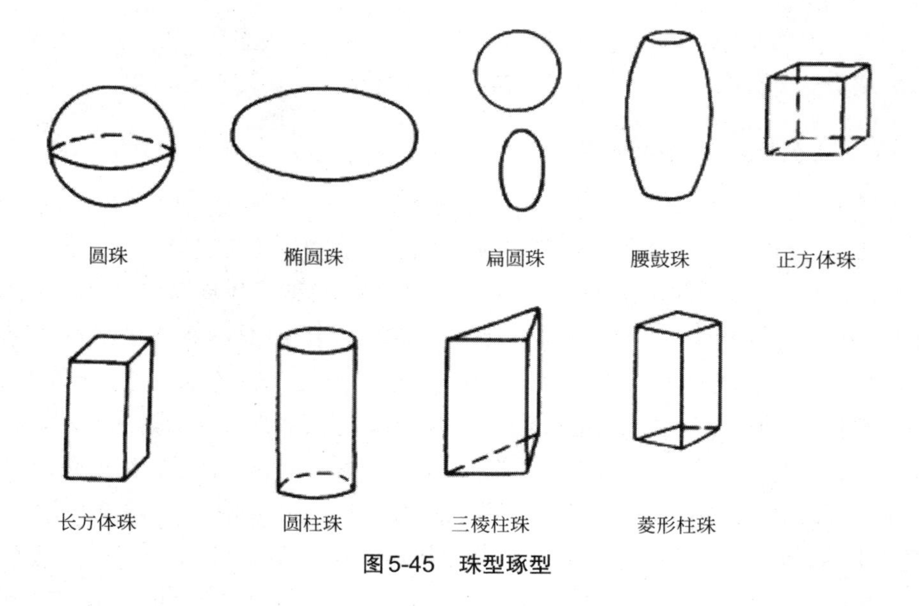

图5-45　珠型琢型

自由型是人们根据自己的喜爱，或者根据宝玉石原石形状，将原石琢磨成不对称或不规则的几何形态。也有写实的形状，如树叶、鱼、昆虫等近似形状。自由型宝玉石要求设计加工人员要有丰富的想象力和较高的手工琢磨技能，同时还要有一定的艺术修养，因此，琢磨自由型宝玉石的难度较大，产品量很少，多数情况下只适用于琢磨一些高档宝玉石（如钻石、欧泊、翡翠等）。

随型是最简单的宝玉石造型，因为它们基本上已由大自然完成了或者由原石本身形状决定了，人们要做的仅仅是把原石棱角磨圆滑，并抛光以增强光泽。由于随型宝玉石的形态千变万化、离奇古怪，表现出大自然的多姿多彩和神秘莫测，具有其他宝玉石造型所没有的特殊魅力，因而很受追求新奇的人们的钟爱。

二、珠宝首饰设计琢型的选择

珠宝首饰设计中琢型的选择十分重要。这不仅是个造型艺术美的问题，而且涉及能否充分体现宝玉石的美学价值。下面是有关琢型选择所涉及的几个主要问题。

（一）透明度与琢型

透明度对琢型选择影响比较大，一般透明宝玉石选用刻面型琢型；微透明和不透明宝玉石采用凸面型和珠型琢型；至于半透明宝玉石，既可以选用刻面型，也可以选用凸面型、珠型和其他琢型，具体选用哪种琢型，要根据情况而定，基本原则仍然是充分体现宝玉石的价值。如有星光效应的蓝宝玉石应设计为凸面型，以显示星光，而不出星光的蓝宝玉石则应选用刻面型，以显示其颜色。

（二）亮度、火彩与琢型

亮度是宝玉石反射光的总强度，包括透射光、表面反射光和内部全反射光，其中表面反射光称为光泽。火彩是指刻面宝石内部反射出的彩色光芒。

凸面型宝玉石由于内部反射光极弱，透射光也极弱，故其亮度主要由表面反射光产生。刻面型宝玉石的亮度则由表面光泽、透射光和内部反射光组成。对于透明宝玉石，尤其是无色透明者，其表面反射光线占入射光线的光量比例不大，一般都低于20%，但钻石的抛光平面反射光线可达入射光线光量的30%。除了表面反射光线，其余入射光线均进入宝玉石内，成为折射光线，这些折射光线在穿过宝玉石进入空气时，一部分又被反射回宝玉石中。由此可见，能否产生全反射，取决于宝玉石的折射率（即临界角）和入射光线的入射角，由于折光率对立方来说，是一个常数，因而临界角也是常数，无法改变。唯一能改变的，是光线从宝玉石内进入空气前的入射角。若琢型设计能尽可能地使光线的入射角大于临界角，则光线就只在宝玉石内发生全反射。好的刻面琢型可以使大部分光线经全反射从宝玉石冠部射出，从而增强宝玉石的亮度。

（三）重量与琢型

由于受珠宝消费者心理影响，很多设计师都把宝玉石重量作为首先考虑的方面，其次才考虑质美，以迎合部分顾客希望宝玉石粒大的要求。这样的宝玉石虽然重量大一些，但颜色、亮度等却没有充分发挥。他们没有考虑到，一颗宝玉石虽然粒度小点，但由于它卓超的质美，同样可以吸引顾客，其售价在大多情况下不会低于粒大些但无光彩的宝玉石，有时可能还会高些。

不过，有些情况似乎应另当别论。如某些高档宝玉石有明显缺陷（如颜色、透明度不太好，瑕疵明显）时，可以以保存较大的重量为主，以提高宝玉石的商品价值。对刻面型宝玉石可以通过以下几个途径增加重量：①增加腰部直径，这会使台面变大，冠高降低；②增加腰部厚度；③增加亭角，可使亭厚度增加。这些增重法都是不得已而为之，不可滥用，其他琢型宝玉石（如凸面型）的增重方法与之类似，无非是腰部直径和厚度的增加。

（四）特殊光学效应和琢型

大多数具有特殊光学现象的宝玉石是半透明的，少数为透明的，因而所用琢型以凸面型为主，有时也用珠型和刻面型，这主要是因为只有弧面才能突出表现大多数的特殊光学效应，刻面型难以做到这一点。当然变石和欧泊例外，它们采用什么琢型，主要与加工习惯和消费者的爱好有关。欧泊多设计为扁平的单凸式琢型或平的薄片。有时也可以采用简单的阶梯式琢型，但不留亭部，只有一个底平面。变石的透明度要是高的话，就可以采用刻面型，若透明度较低且内部具有显微管束状构造，则可采用凸面型琢型。对这两种宝玉石，有时要注意变彩或变色较明显的面，把它作为琢型顶面。

除了上面两种宝玉石外，其他的特殊光学效应现象都有方向性，这在实际设计中，就存在一个如何定位的问题，所谓定位，就是确定能使特殊光学效应达到最佳效果的方向，并将此方向作为琢型弧顶面的轴向，下面分别讨论不同特殊光学效应的定位（定向）问题。

1.猫眼效应

此光学效应要求采用凸面型来实现，一般用单凸面型，腰形为圆形、椭圆形，其定位比较简单，根据猫眼光产生的原理，使琢型底面平行于纤维状构造（或显微管束构造）方向，且腰形长轴与纤维方向垂直。为了使猫眼光细且活，凸面厚度可以适当大些，使凸面曲率变大，以便于反射光集中于一个窄条带区内，形成清晰明亮、活灵活现的猫眼光带。

2.星光效应

绝大多数星光显著的方向是宝玉石的c轴方向，这是因为受宝玉石晶体结晶习性的影响，产生星光的显微管束状包裹体都沿垂直于c轴的方向有规律地排列，一般沿两个方向排列的可形成四道星光，如星光辉石宝玉石。沿三个方向排列可形成六道星光，如星光蓝宝玉石。

3.金星效应、拉长石变彩和月光石效应

这三种特殊光学效应虽然在形成机制上不同，但定位的方法基本一样，因为它们都只有某种层状结构，因此定位时，应将琢型的底面平行于层状结构的面，凸面厚度和曲率可大些，以便光线集中，增加亮度和色度。

（五）琢型的造型艺术美

琢型的造型艺术美主要是指宝玉石成品（首饰石）的形态美（简称形美）。它以宝玉石的质美为前提条件，没有质美的形美毫无价值。而形美又是质美充分表达的主要条件之一。因此造型设计强调形美和质美的统一、和谐。

对琢型的选择，要求在充分表现宝玉石质美和不改变宝玉石内在属性的前提下，尽量采用当前流行的琢型式样和习惯用式样。

当然，对琢型形美的认识和感受往往因人而异，大多数人喜爱规整的几何对称式样，因为其点、线、面规则有序，层次分明，给人以清晰、流畅、节奏的美感。但也有人追求一种变化怪异、神秘莫测的自然美，喜欢随意形式样。这些就给设计和加工者提出了很高的要求，不仅要懂得顾客的消费心理，还要了解他们的美学心理。

第六章

珠宝首饰手绘设计工艺

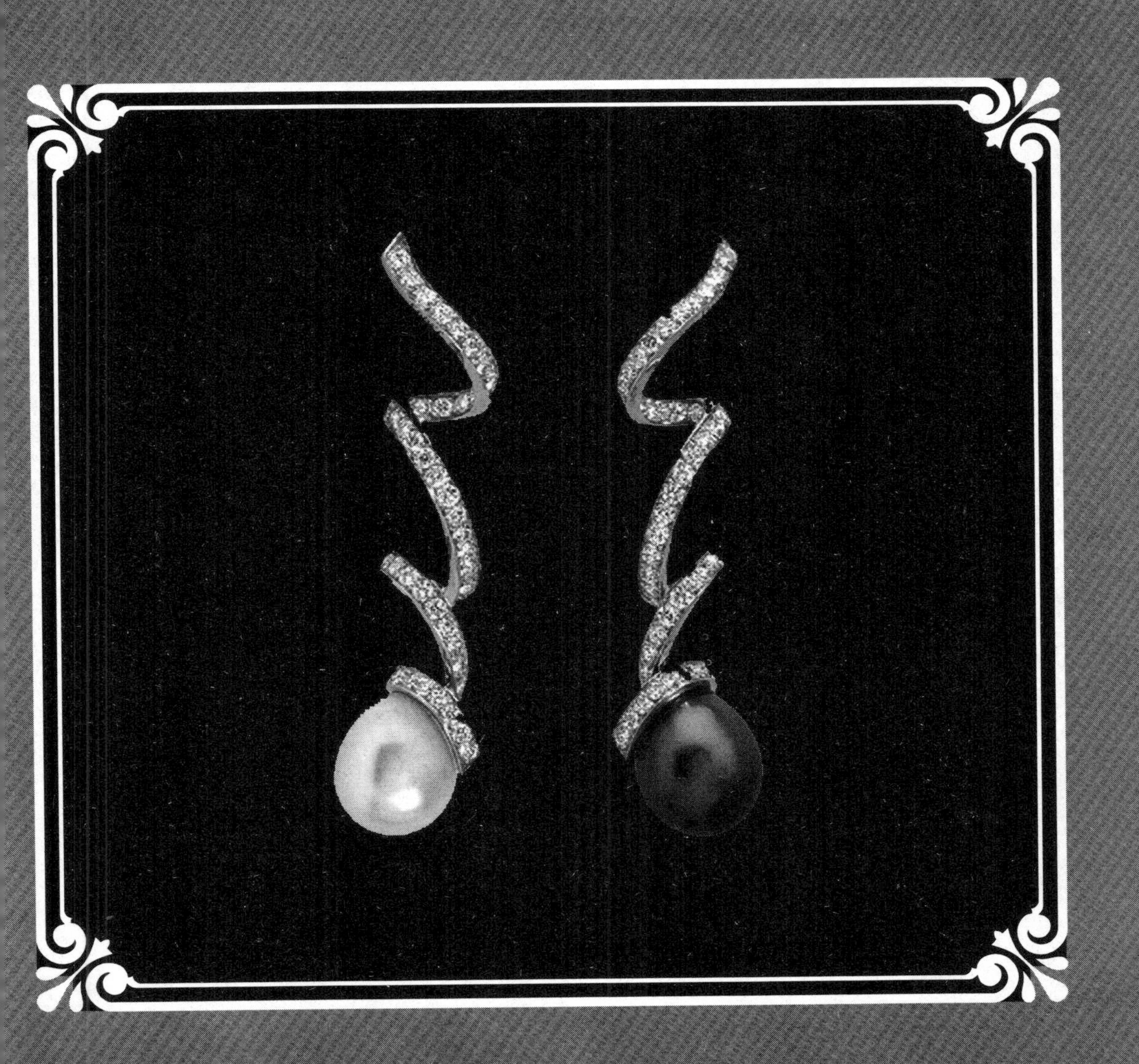

第一节　珠宝手绘设计基础

一、基础绘图工具

（一）绘图模板和三角板

在基础画图工具中，常用模板为美国TIMELY模板，主要用来绘画宝石形状，其造型轻薄，宝石种类相对齐全，十分适合首饰设计的初学者使用（图6-1）。

三角板主要用来画珠宝设计图的十字定线及角分线。

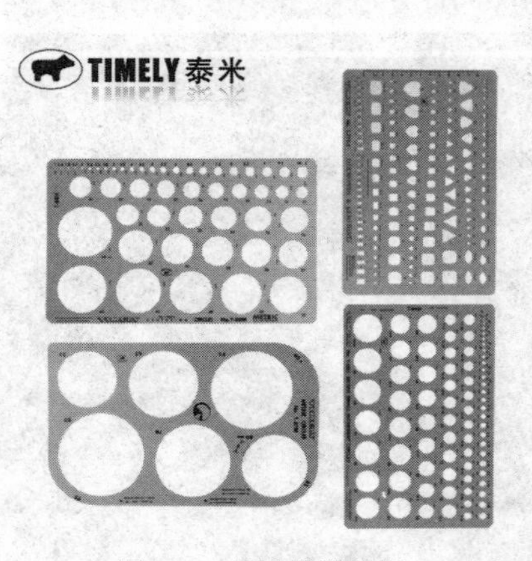

图6-1　首饰绘图模板

图6-2　首饰绘图勾线笔

（二）铅笔

铅笔包括绘图铅笔和自动铅笔。首饰设计图常用0.3毫米和0.5毫米的自动铅笔起稿，绘图铅笔铅芯硬度常在HB～2B之间，设计图的比例一般都在1∶1左右。

（三）勾线笔

一般在最终定稿时要使用勾线笔，用勾线笔描绘出的首饰造型线条简单清晰、干净准确。常用的勾线笔有直径为0.1毫米的针管笔、直径为0.18毫米的勾线笔和直径为0.38毫米的圆珠笔（图6-2）。

（四）水溶彩铅

设计图简单着色时，可以使用彩色铅笔。为配合画各种金属和宝石的颜色，最好备好各种颜色的铅笔。也可用水性的彩色铅笔，达到与水彩着色相同的效果（图6-3）。

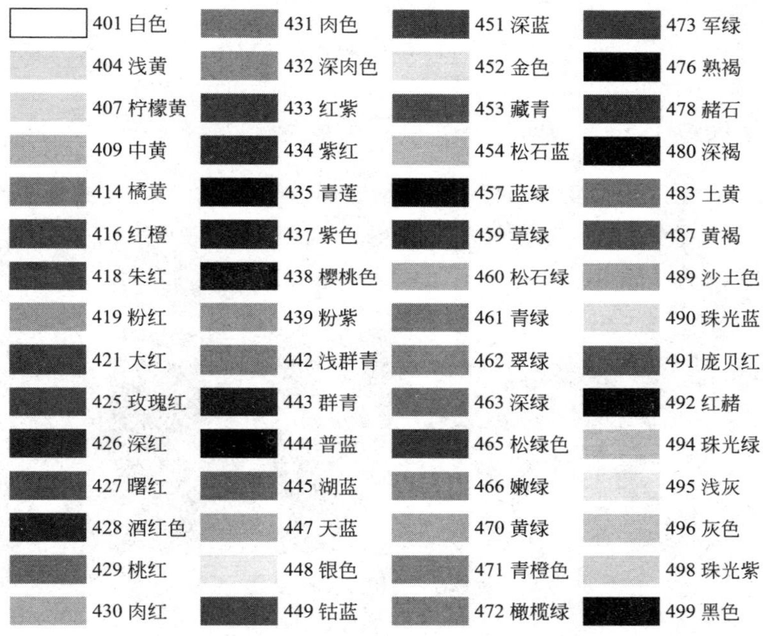

401 白色	431 肉色	451 深蓝	473 军绿
404 浅黄	432 深肉色	452 金色	476 熟褐
407 柠檬黄	433 红紫	453 藏青	478 赭石
409 中黄	434 紫红	454 松石蓝	480 深褐
414 橘黄	435 青莲	457 蓝绿	483 土黄
416 红橙	437 紫色	459 草绿	487 黄褐
418 朱红	438 樱桃色	460 松石绿	489 沙土色
419 粉红	439 粉紫	461 青绿	490 珠光蓝
421 大红	442 浅群青	462 翠绿	491 庞贝红
425 玫瑰红	443 群青	463 深绿	492 红赭
426 深红	444 普蓝	465 松绿色	494 珠光绿
427 曙红	445 湖蓝	466 嫩绿	495 浅灰
428 酒红色	447 天蓝	470 黄绿	496 灰色
429 桃红	448 银色	471 青橙色	498 珠光紫
430 肉红	449 钻蓝	472 橄榄绿	499 黑色

图6-3 首饰绘图水溶彩铅及色表

（五）彩色水笔

彩色水笔的颜色选择是在上述彩铅的颜色基础上进行选择的，其作用是加重珠宝首饰中宝石颜色的明暗效果（图6-4）。

图6-4 首饰绘图彩色水笔

（六）水彩、水粉

水彩颜料具有较好的透明度，绘制写实效果图通过渲染的方式，能够很好表现珠宝的效果。水粉覆盖力较强，可用于宝石的高光提亮处（图6-5），配合使用的是调色盘和富有弹性的细毛笔即可。

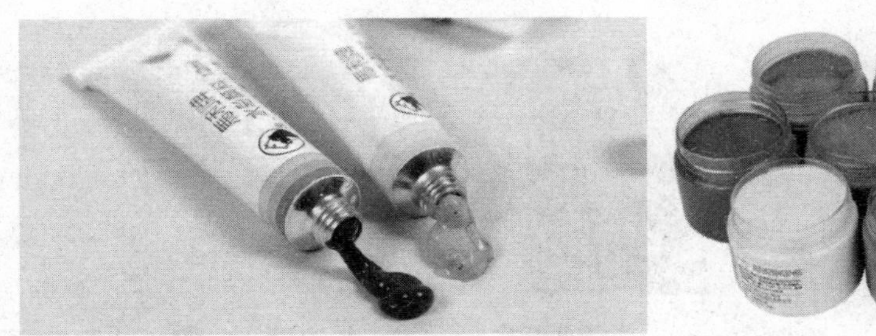

图6-5　首饰绘图水彩、水粉

（七）橡皮

首饰设计绘图用橡皮分为可塑橡皮和绘图橡皮两种，可塑橡皮质地很软，用于减弱绘制过重的痕迹；绘图橡皮质地硬，可将其切成三角形后，用其尖角擦掉细节画错的部分（图6-6）。

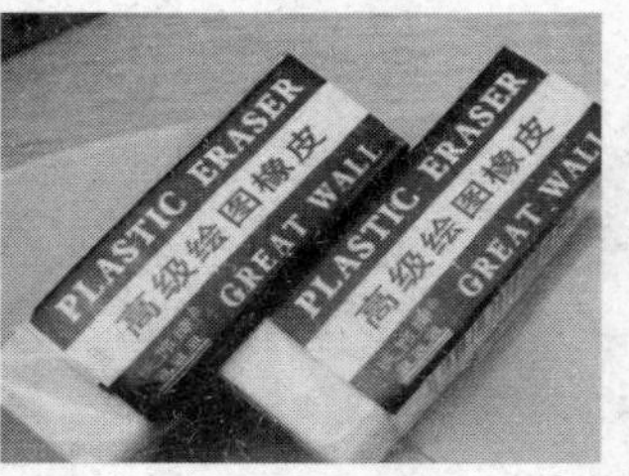

图6-6　首饰绘图橡皮

（八）绘图纸

用打字纸和描图纸均可。描图纸是一种半透明的纸，有厚的和薄的两种，描图时使用薄的即可，如需着色则使用厚的。

二、宝石绘画基础

珠宝首饰设计中不可避免地需要表达各种宝石的琢型特征，宝石的形态根据切磨形状可分为圆形、椭圆形、马眼形、水滴形、心形、方形、梯形、祖母绿形等。

（一）圆形切割的画法

画法如图6-7所示，步骤如下。

（1）画出十字定线。

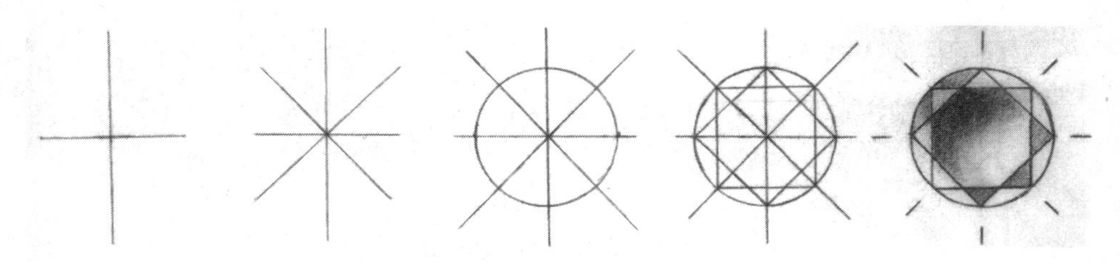

图6-7　圆形切割的画法

（2）画出45°角分线。

（3）用圆形规格模板以宝石的直径画一个圆，这个圆就是圆形切割外形线。

（4）连接十字定线与圆形外形线之间的交叉点，则形成一个正方形；同样连接对角线与圆形外形线之间的交叉点，形成另一个正方形。

（5）擦掉辅助线，画出圆形宝石的刻面阴影效果。

（二）椭圆形切割的画法

画法如图6-8所示，步骤如下。

（1）画出十字定线，在宝石宽度和长度的1/2处标上记号。

（2）以椭圆规板画出能通过记号的椭圆。

（3）连接十字定线与椭圆之间的交叉点。

（4）从顶点至长度一半部分分成三等份，在1/3处标上记号，画出宝石的切割面。

（5）擦掉辅助线，添加阴影。

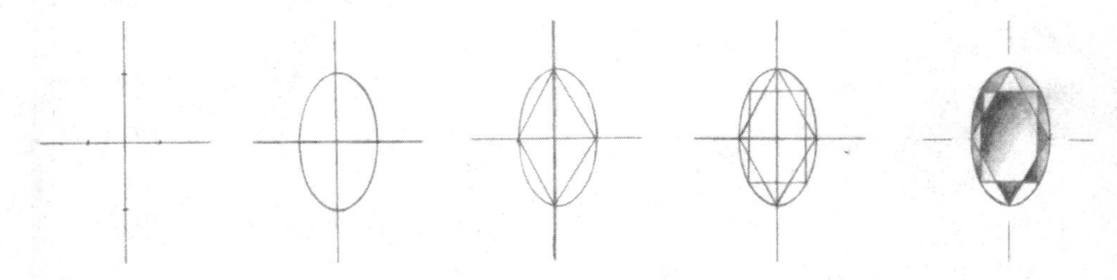

图6-8　椭圆形切割的画法

（三）马眼形切割的画法

画法如图6-9所示，步骤如下。

（1）画出十字定线，决定宝石的长度及宽度；以十字定线之交叉点为中心点，在宝石宽度及长度的一半处画上记号。

（2）将圆形规板的水平记号与水平定线相应合，画出能通过该记号的圆弧。

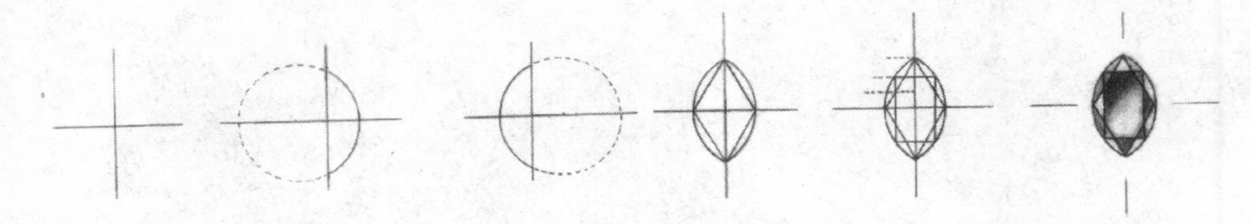

图6-9　马眼形切割的画法

（3）连接十字定线与圆之间的交叉点。

（4）从顶点至长度的一半部分分成三等份，在1/3处画出宝石的切割面。

（5）擦掉辅助线，并添加阴影。

（四）水滴形切割的画法

画法如图6-10所示，步骤如下。

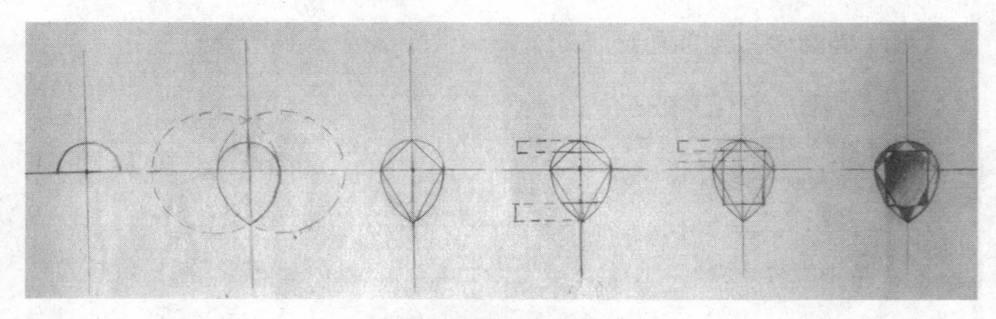

图6-10　水滴形切割的画法

（1）画出十字定线，以宝石的宽度为直径画出半圆，以宝石之长度在纵轴上标上记号。

（2）将圆形规板的水平记号与水平定线相应合，画出能通过该记号的圆（左右两边各画一个）。

（3）连接十字定线与梨形之间的交叉点。

（4）从顶点至水平定线中心之间分成三等份，在1/3处标上记号并画出平行线；底部也以相同间隔画出平行线。

（5）连接这些线与梨形之间的交叉点。

（6）擦掉辅助线，添加阴影。

（五）心形切割的画法

画法如图6-11所示，步骤如下。

（1）画出十字定线，画两个一心形宝石宽度一半为直径的半圆。

（2）以宝石的长度为纵轴，以圆形规板连接两圆与下部之底点，形成心形。

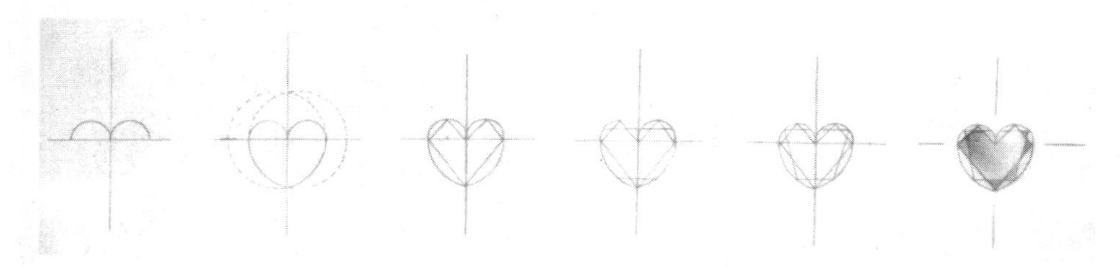

图6-11　心形切割的画法

（3）连接各个圆之中心与十字定线之间的点。

（4）从顶点到水平线之间的一半处标上记号，并画出水平线，下半部也以相同的间隔尺寸画出水平线。

（5）连接上下水平线与圆之交叉点。

（6）擦掉辅助线，添加阴影。

（六）方形切割的画法

画法如图6-12所示，步骤如下。

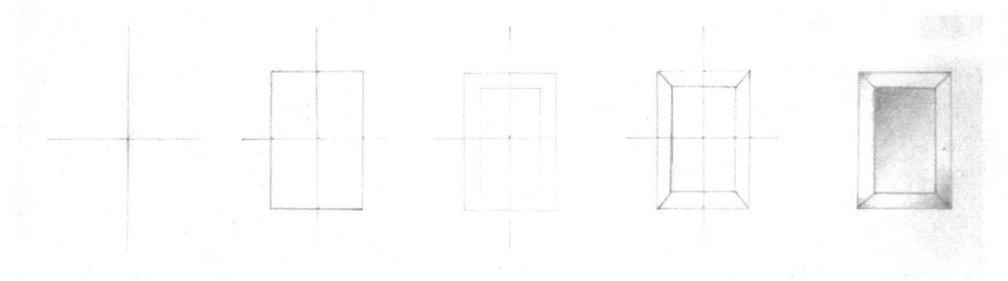

图6-12　方形切割的画法

（1）画出十字定线。

（2）在十字定线上标出宝石长度和宽度的记号，并画出长方形。

（3）将宝石宽度的一半分成三等份，画出宝石桌面之线条。

（4）画出宝石之桌面，连接桌面与外围方形的四个角。

（5）擦掉辅助线，添加阴影。

（七）梯形切割的画法

画法如图6-13所示，步骤如下。

（1）画出十字定线，根据宝石的长度和宽度标上记号。

（2）连接这些记号，形成梯形四边形。

（3）将上半部分成三等份，1/3处的宽度就是梯形与桌面之间的尺寸。

图6-13　梯形切割的画法

（4）以同样的间隔尺寸画出宝石之桌面，并连接桌面与外围梯形的四个角。

（5）擦掉辅助线，添加阴影。

（八）祖母绿形切割的画法

画法如图6-14所示，步骤如下。

（1）画出十字定线，在十字定线上画出宝石长度与宽度的记号，连接起来形成长方形。

（2）在纵轴上把宝石的长度三等份，并与四个角连起来，在四个角上画出与斜线互相垂直的线。

（3）连接三等分与垂直线和长方形之交叉点，形成三角形。

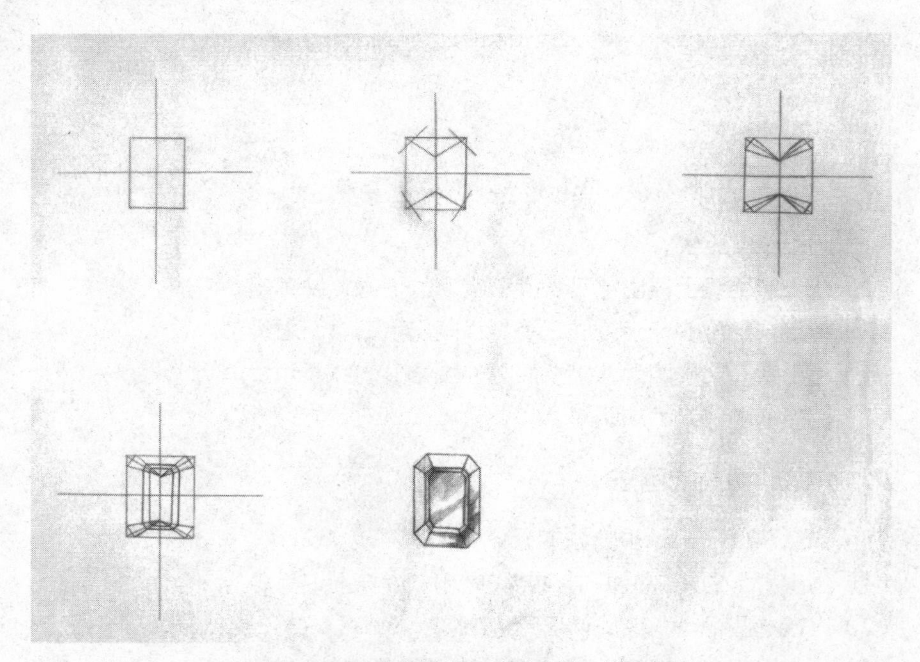

图6-14　祖母绿形切割的画法

（4）在内侧以双线画出较小的祖母绿形（八角形）。

（5）擦掉桌面内侧的辅助线，添加阴影。

三、金属绘画基础

珠宝首饰中一般使用的贵金属有黄金、银、铂金及各种K金等。常见的金属花形有平面、曲面、浑圆的。

（一）平面金属的画法

画法如图6-15所示，步骤如下。

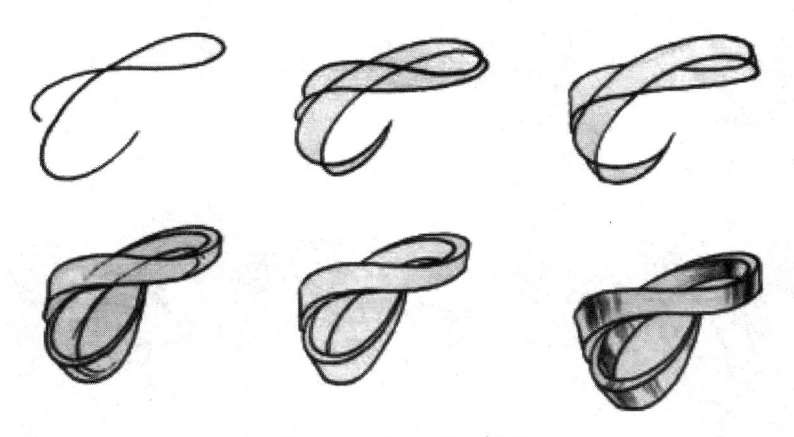

图6-15　平面金属的画法

（1）画一条有动感的线条。

（2）沿着这条线，空出间隔，以同样的轨迹画出另一条线。

（3）连接最后的部分。

（4）描绘出厚度。

（5）将内侧看不到部分的线条擦掉。

（6）描绘阴影。

（二）曲面金属的画法

画法如图6-16所示，步骤如下。

（1）～（3）步与平面金属的画法一样。

（4）将两侧画成往内侧弯曲。

（5）将内侧看不到部分的线条擦掉。

（6）描影。

图6-16　曲面金属的画法

（三）浑圆金属的画法

画法如图6-17所示，步骤如下。

（1）～（3）步与平面金属的画法一样。

（4）决定其厚度后，描出金属浑圆、鼓起的线条。

（5）将内侧看不到的线条擦掉。

（6）描影。

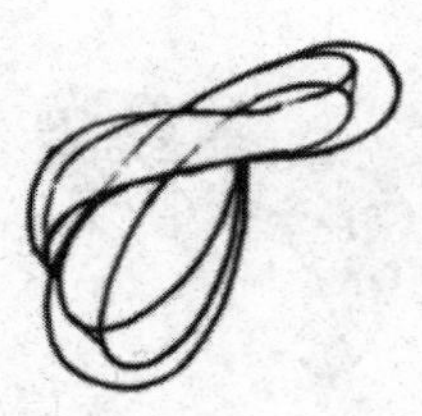

图6-17　浑圆金属的画法

第二节　珠宝手绘表现技法

一、彩色宝石手绘技法

1.钻石手绘技法

画法如图6-18所示，步骤如下。

（1）用铅笔画出十字坐标轴，然后对切45º角画出辅助线，并以坐标原点画出正圆。

（2）根据辅助线画出钻石的刻面。

（3）用针管笔勾线，擦去辅助线。

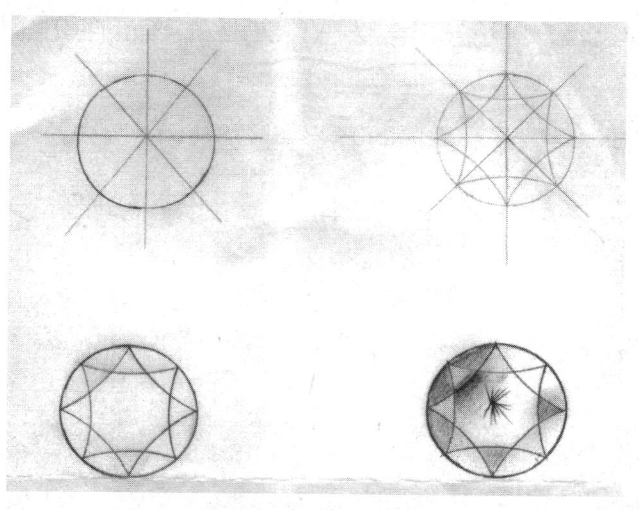

图6-18　钻石的画法

（4）用自动铅笔简单画出钻石星光效应，打上阴影。

（5）用直径为0.38毫米的圆珠笔加深星光效应，用灰色水彩笔打上阴影面。

2.红宝石手绘技法

画法如图6-19所示，步骤如下。

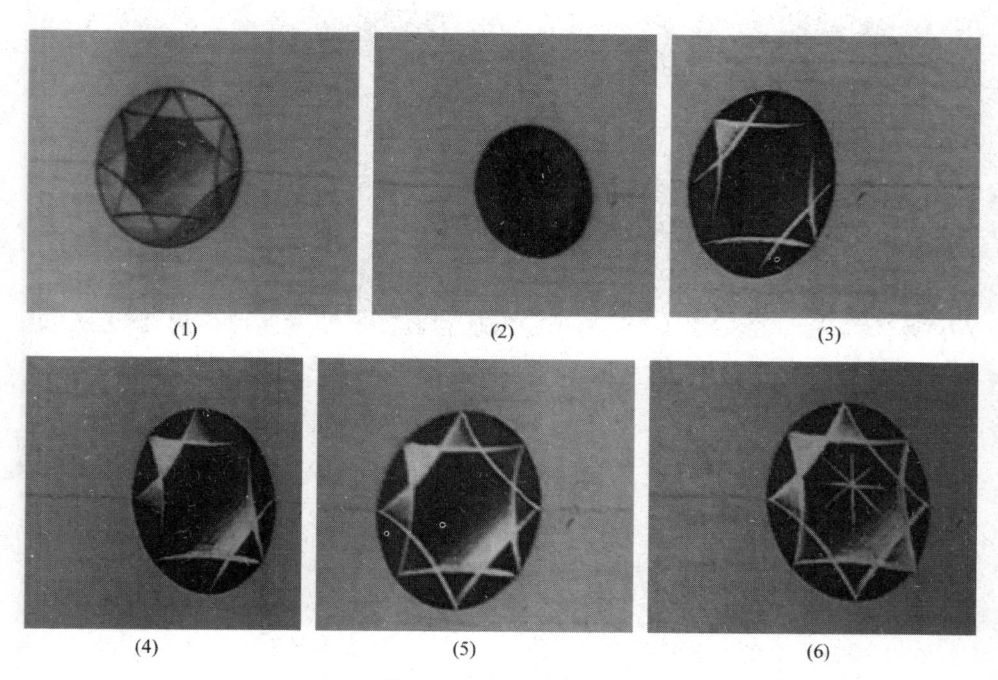

图6-19　红宝石的画法

（1）用铅笔画出十字坐标轴和椭圆形，用灰色颜料画出明暗交界线。

（2）用深红色颜料涂上一层底色。

（3）用细毛笔勾画出宝石刻面。

（4）用白色颜料提亮刻面并画出反光效果。

（5）用细毛笔刻画出宝石刻面棱角。

（6）画出宝石尖底刻面增添宝石火彩。

3. 蓝宝石手绘技法

画法如图6-20所示，步骤如下。

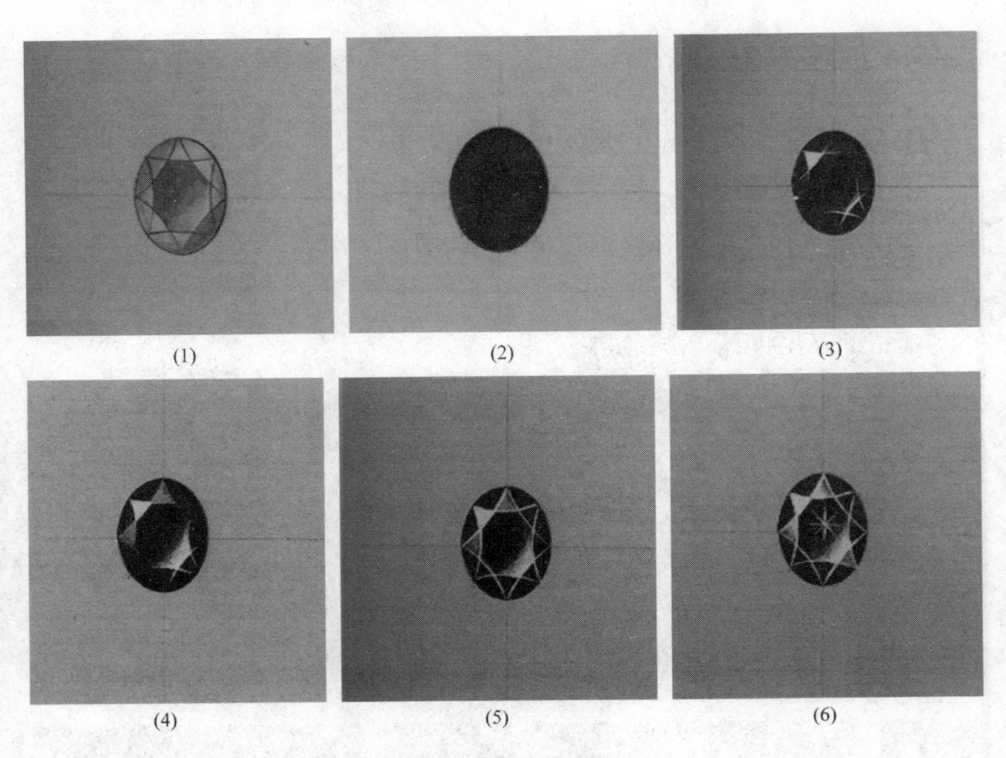

(1) (2) (3) (4) (5) (6)

图6-20　蓝宝石的画法

（1）用铅笔画出十字坐标轴和椭圆形，用灰色颜料画出明暗交界线。

（2）用深蓝色颜料涂上一层底色。

（3）用细毛笔勾画出宝石刻面。

（4）用白色颜料提亮刻面并画出反光效果。

（5）用细毛笔刻画出宝石刻面棱角。

（6）画出宝石尖底刻面增添宝石火彩。

4. 祖母绿手绘技法

画法如图6-21所示，步骤如下。

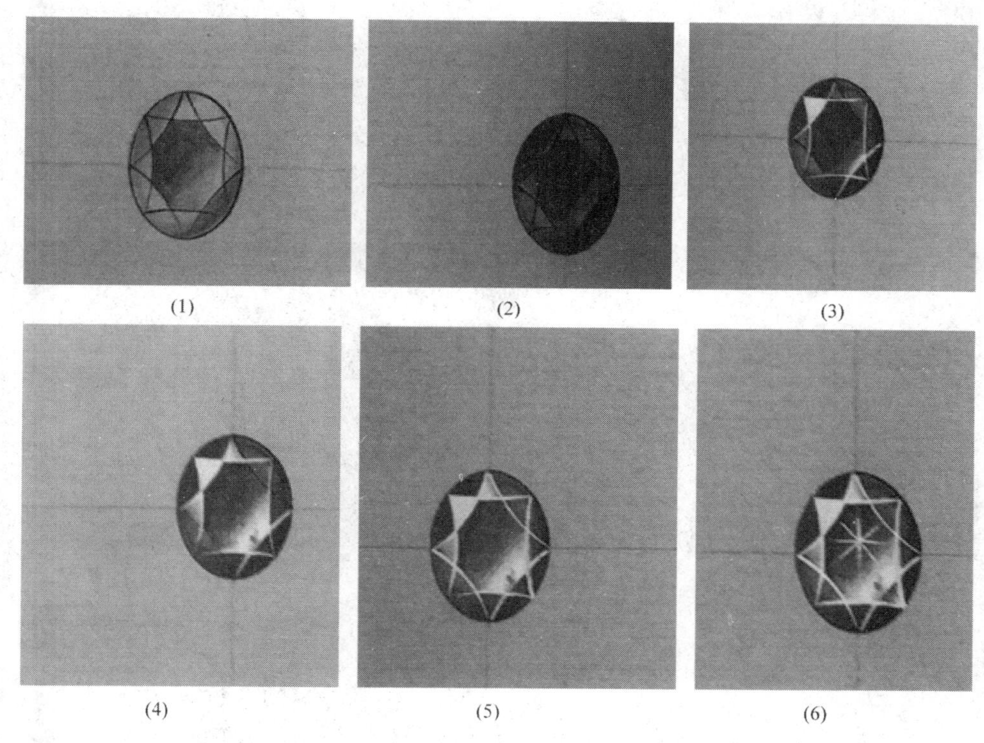

(1) (2) (3) (4) (5) (6)

图6-21 祖母绿的画法

（1）用铅笔画出十字坐标轴和椭圆形，用灰色颜料画出明暗交界线和阴影效果。

（2）用深绿色颜料涂上一层底色。

（3）用细毛笔勾画出宝石刻面。

（4）用白色颜料提亮刻面并画出反光效果。

（5）用细毛笔刻画出宝石刻面棱角。

（6）画出宝石尖底刻面增添宝石火彩。

5. 黄晶手绘技法

画法如图6-22所示，步骤如下。

（1）用铅笔画出十字坐标轴和椭圆形，用灰色颜料画出明暗交界线和阴影效果。

（2）用土黄色颜料涂上一层底色。

（3）用细毛笔勾画出宝石刻面。

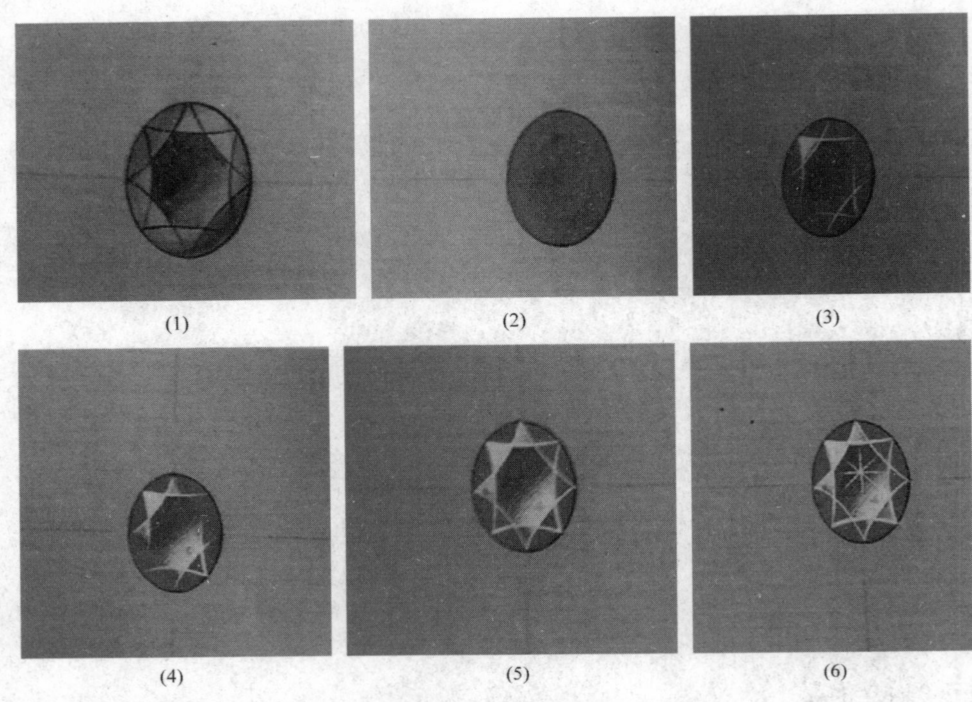

图6-22 黄晶的画法

（4）用白色颜料提亮刻面并画出反光效果。

（5）用细毛笔刻画出宝石刻面棱角。

（6）画出宝石尖底刻面增添宝石火彩。

6.欧泊手绘技法

画法如图6-23所示，步骤如下。

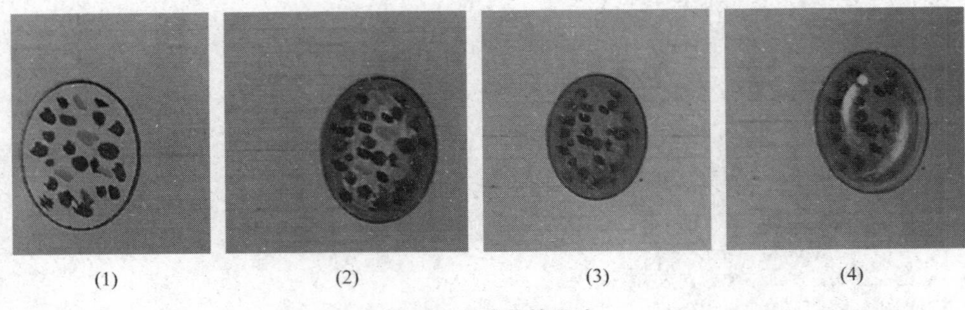

图6-23 欧泊的画法

（1）用铅笔画出十字坐标轴和椭圆形，将红色、蓝色、黄色、绿色等颜料点画在椭圆中。

（2）用土黄色颜料打上阴影效果。

（3）用粗毛笔为整个宝石晕色。

（4）用中黄色颜料加深晕色，最后用白色颜料画反光面并提高亮光。

7.月光石手绘技法

画法如图6-24所示，步骤如下。

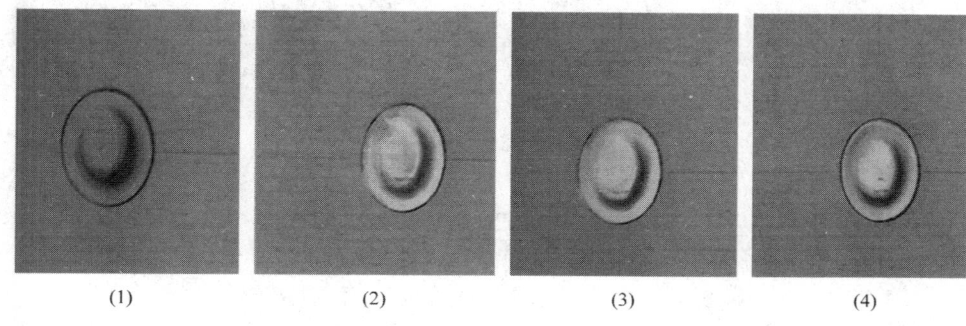

(1) (2) (3) (4)

图6-24　月光石的画法

（1）用铅笔画出十字坐标轴和椭圆形，用灰色颜料打上阴影效果。

（2）用白色颜料打上一层底色。

（3）用白色颜料提亮宝石。

（4）用浅蓝色颜料淡淡地打上一层，显现蓝光效应。

8.星光宝石手绘技法

画法如图6-25所示，步骤如下。

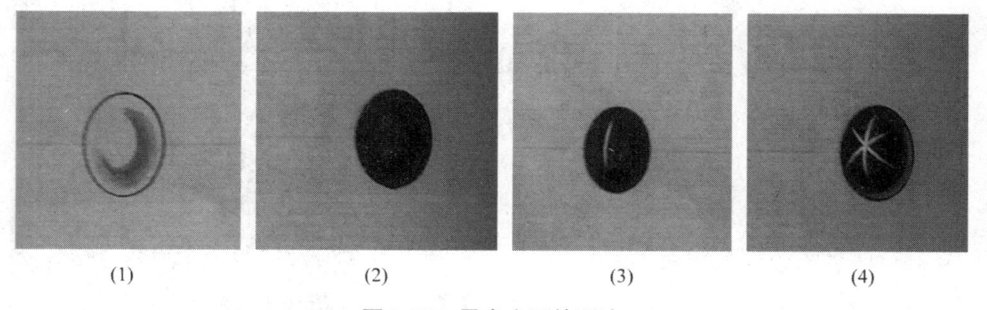

(1) (2) (3) (4)

图6-25　星光宝石的画法

（1）用铅笔画出十字坐标轴和椭圆形，用灰色颜料打上阴影效果。

（2）用深红色颜料打上一层底色。

（3）用细毛笔在宝石中心稍偏处画一条白色曲线。

（4）勾画星状线条，增加宝石反光面，提高宝石光泽度。

二、翡翠手绘技法

画法如图6-26所示，步骤如下。

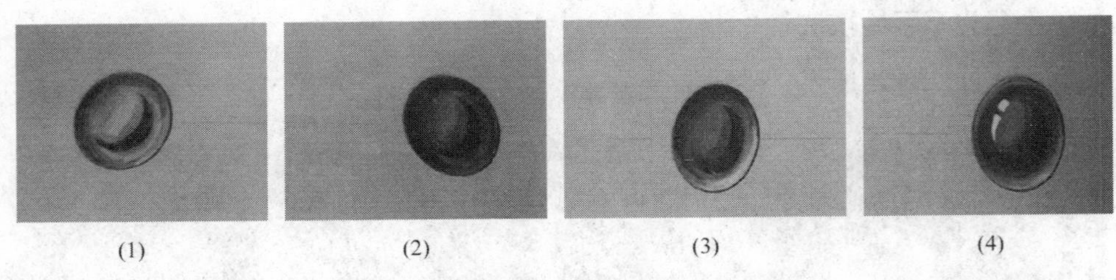

图6-26 翡翠的画法

（1）用铅笔画出十字坐标轴和椭圆形，用灰色颜料画出明暗交界线。

（2）用草绿色颜料涂上一层底色。

（3）把白色颜料调淡，在反光面和受光面涂上一层并晕色。

（4）进一步提高反光面，并在受光面点上高光。

三、珍珠手绘技法

珍珠主要分为淡水珍珠和海水珍珠，淡水珍珠主要以浅色系为主，而海水珍珠以深色系为主，它们的颜色和手绘表现技法都不同。

（一）淡水珍珠手绘技法

画法效果如图6-27所示，步骤如下。

（1）用铅笔画出十字坐标轴，然后对切45º角画出辅助线，并以坐标原点画出正圆。

（2）用针管笔勾出正圆，擦去辅助线。

（3）用2B铅笔画出珍珠的明暗交界线。

（4）用灰色彩铅加深过渡，画出阴影效果。

（5）用粉色彩铅涂上一层过渡色。

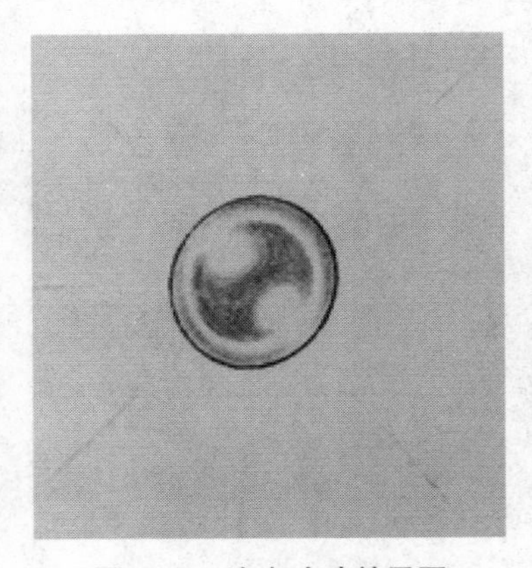

图6-27 淡水珍珠效果图

（二）海水珍珠手绘技法

1.金色珍珠手绘技法

画法效果如图6-28所示，步骤如下。

（1）用铅笔画出十字坐标轴，然后对切45º角画出辅助线，并以坐标原点画出正圆。

（2）用针管笔勾出正圆，擦去辅助线。

（3）用2B铅笔画出珍珠的明暗交界线。

（4）用熟褐色彩铅在明暗交界处打上底色。

（5）用中黄色彩铅沿着熟褐色让晕色慢慢过渡，最后用柠檬黄彩铅淡淡地打上一层来增加珍珠的光泽。

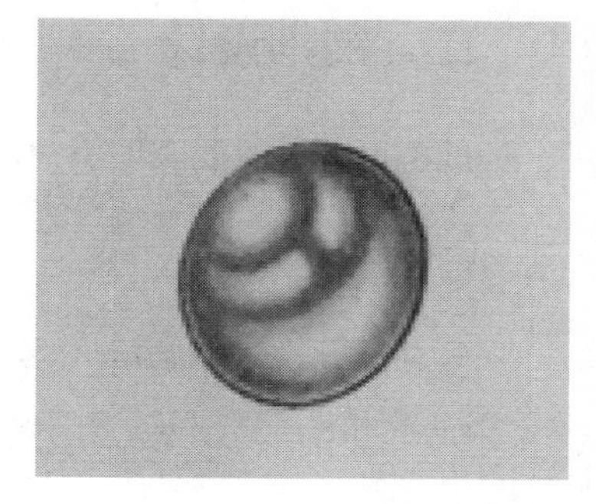

图6-28　金色珍珠效果图

2.黑色珍珠手绘技法

画法效果如图6-29所示，步骤如下。

（1）用铅笔画出十字坐标轴，然后对切45º角画出辅助线，并以坐标原点画出正圆。

（2）用针管笔勾出正圆，擦去辅助线。

（3）用2B铅笔画出珍珠的明暗交界线。

（4）用群青色彩铅在明暗交界处打上底色。

（5）用浅灰色彩铅沿着群青色让晕色慢慢过渡，最后用粉色彩铅淡淡地打上一层来增加黑珍珠的光泽。

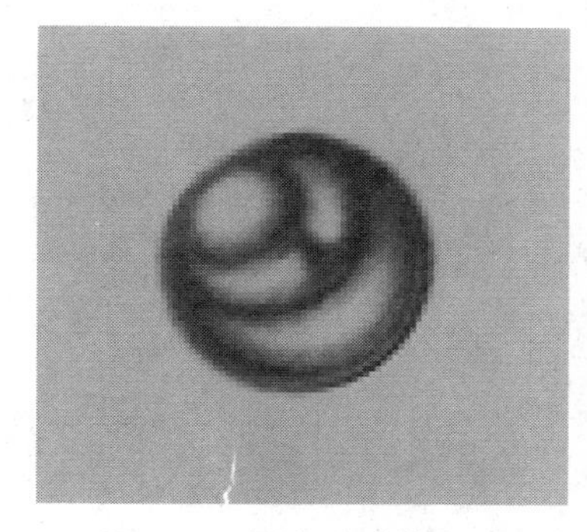

图6-29　黑色珍珠效果图

第三节　常见珠宝首饰设计

学习绘画标准的首饰三视图是学习珠宝手绘设计必须掌握的技能之一。

一、三视图的构成

（1）构图。构图是指将最能体现首饰特色与花纹的一面作为主视图，并将正视图与侧视图置于主视图下方。

（2）比例。图样中的尺寸长度与实物实际尺寸按照1 ： 1比例绘制三视图。

（3）原则。绘图原则是长对正、高平齐、宽相等。主视图与正视图都体现了首饰的长度，且长度在竖直方向对着正视图，即“长对正”；正视图与侧视图都体现了首饰的高度，且高度在水平方向是平齐的，即“高平齐”；正视图与侧视图都体现了首饰的宽度，且同一首饰的宽度相等，即“宽相等”。

二、戒指设计

戒指设计一般要表现出三视图和立体图。

（一）女戒设计

1.女戒三视图的画法

画法如图6-30所示，步骤如下。

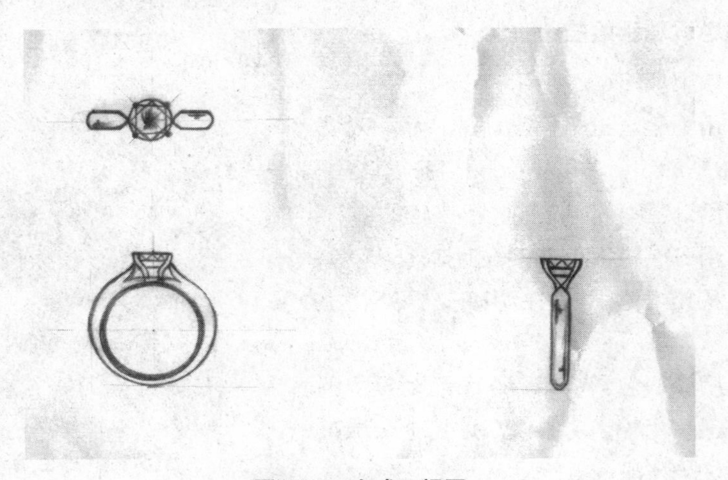

图6-30　女戒三视图

（1）用自动铅笔在纸上定位并构图，画出三维坐标轴，大致勾勒出戒指三视图的轮廓。

（2）根据轮廓和辅助线画出爪形和镶口、戒臂和镶口之间的结构关系。

（3）细画钻石的切割刻面和金属面的明暗交界线（建议用0.3毫米HB铅笔画）。

（4）用直径为0.1毫米的针管笔勾线，然后用可塑橡皮擦掉铅笔痕迹，最后用灰色水彩笔上色，画出金属的阴影效果。

2.女戒立体图的画法

画法如图6-31所示，步骤如下。

（1）用自动铅笔在纸上定位并构图，画出三维坐标轴，大致勾勒出戒指45º立体图的轮廓。

（2）根据透视辅助线画出爪形和戒臂的透视关系。

（3）细画钻石的切割刻面和金属面的明暗交界线，可以在戒臂画点淡淡的阴影效果（建议用0.3毫米HB铅笔画）。

图6-31　女戒立体图

（4）用直径为0.1毫米的针管笔勾线，然后用灰色水彩笔表现阴影效果和金属质感，最后画出戒指的投影。

（二）男戒设计

1. 男戒三视图的画法

画法效果如图6-32所示，步骤如下。

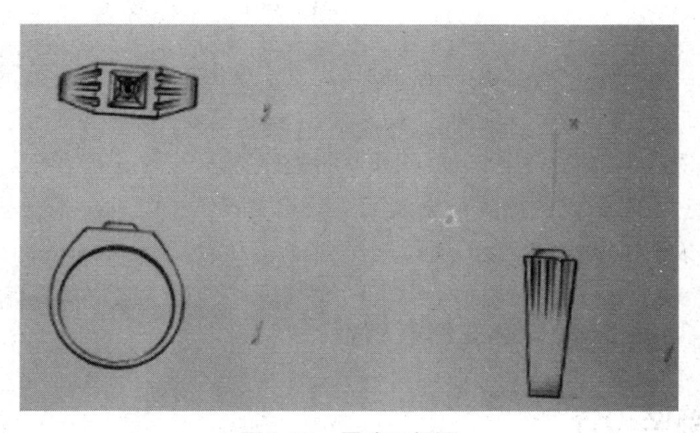

图6-32　男戒三视图

（1）用自动铅笔在纸上定位并构图，画出三维坐标轴，大致勾勒出戒指三视图的轮廓。

（2）根据轮廓和辅助线画出爪形和镶口、戒臂和镶口之间的结构关系。

（3）细画钻石的切割刻面和金属面的明暗交界线（建议用0.3毫米HB铅笔画）。

（4）用直径为0.1毫米的针管笔勾线，然后用可塑橡皮擦掉铅笔痕迹，最后用灰色水彩笔上色，画出金属的阴影效果。

2. 男戒立体图的画法

画法如图6-33所示，步骤如下。

图6-33 男戒立体图

（1）用自动铅笔在纸上定位并构图，画出三维坐标轴，大致勾勒出戒指45º立体图的轮廓。

（2）根据透视辅助线画出爪形和戒臂的透视关系。

（3）细画宝石的切割刻面和金属面的明暗交界线，可以在戒臂画点淡淡的阴影效果（建议用0.3毫米HB铅笔画）。

（4）用直径为0.1毫米的针管笔勾线，然后用灰色水彩笔表现阴影效果和金属质感，最后画出戒指的投影。

三、吊坠设计

吊坠三视图的画法如图6-34所示，步骤如下。

（1）用自动铅笔在纸上定位并构图，大致勾勒出吊坠三视图的轮廓。

（2）进一步画出吊坠三视图的轮廓和副石镶口的铲边线。

（3）刻画吊坠细节和副石。

（4）用直径为0.1毫米的针管笔勾线，刻画钻石的切割面并打上阴影效果。

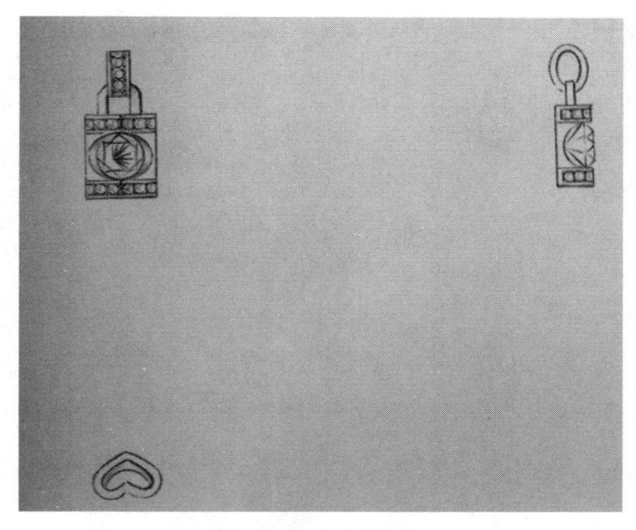

图6-34　吊坠三视图

四、耳环设计

耳环三视图的画法如图6-35所示，步骤如下。

（1）用自动铅笔在纸上定位并构图，大致勾勒出耳环三视图的轮廓。

（2）简单刻画金属的明暗交界线。

（3）仔细刻画钻石镶口排法和透视关系。

（4）用直径为0.1毫米的针管笔勾线、上色，刻画阴影效果。

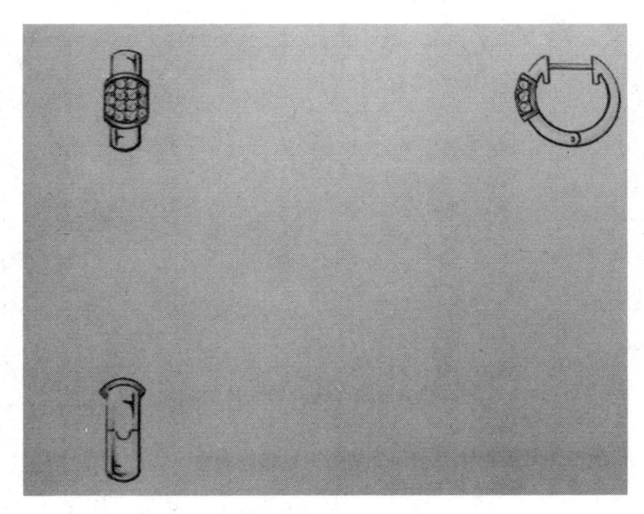

图6-35　耳环三视图

五、胸针设计

胸针标准设计图的画法如图6-36所示，步骤如下。

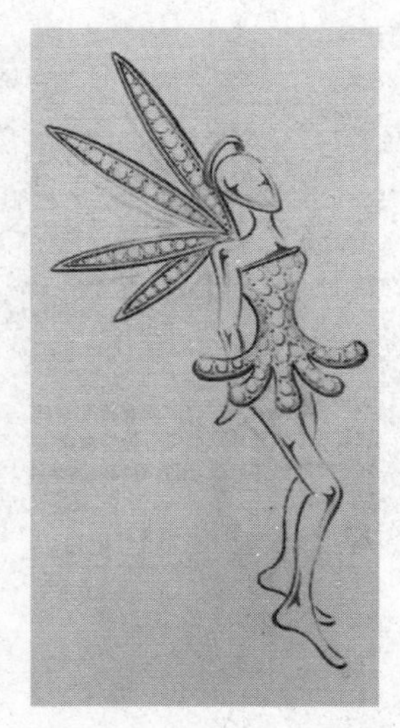

图6-36　胸针标准设计图

（1）用自动铅笔在纸上大致勾勒出胸针的轮廓。

（2）刻画副石和细节部位。

（3）仔细刻画金属的光影效果，利用直径为0.1毫米的针管笔勾出整体轮廓线。

（4）用水彩笔上色，刻画阴影效果。

第七章

品牌珠宝首饰与设计风格

第一节　珠宝首饰设计风格

一、珠宝首饰设计风格的分类

不同的分类标准就会产生不同的结果，珠宝首饰设计风格的分类亦是如此。本章根据设计的风格流派将珠宝首饰的设计风格分为古典风格、天然风格、现代风格、浪漫风格和前卫风格。

（一）古典风格首饰

具备古典风格的首饰，流行的时间非常持久，无论在任何场合佩戴都中规中矩。这种风格首饰的设计对称、简单、充满融洽调和的味道，做工精细，透露着优雅高贵的气息，而颜色的配合也极其柔和。古典风格首饰的做工一般都极细致。从佩饰上来说，古典风格首饰与任何服装都很合衬。传统的原则和价值以及传统的文化精髓均可以在古典风格首饰里体现。

古典风格首饰，从字面上理解是一类比较古老的首饰。人们常把18世纪法国巴洛克风格的珠宝首饰视为古典风格首饰的代表（图7-1、图7-2），此类首饰多以法国宫廷珠宝为范本，特点是所用材料为金、铂、银等贵金属；宝石材料高档，主石大而华丽，周围镶以大量配石；款式上突出宝石重于金属；色彩对比强烈；造型上多采用对称设计，如有线条装饰，线条多被盘曲成藤蔓形状，柔软优美；有些设计严谨、内敛，加工工艺细腻精湛，具有较高的价值。古典风格首饰豪华、贵重，具有王者之气。

图7-1　法国巴洛克风格

图7-2　古典宫廷风格

（二）天然风格首饰

具备天然风格的珠宝首饰其特色是用天然物做图案，线条简明，给人的感觉是舒适、随便、轻松。款式并不抽象，有柔和的线条和弯纹，显露出天然的美态。天然风格的珠宝首饰其尺码通常不大，用传统式的金属及宝石制成，而有时也会用木料或其他珠子衬托。最常见的图案有动物、花和其他植物等，体现出一种纯洁的自然美和天然朴素的温柔感。例如巴西的珠宝首饰到处都洋溢着浓郁的热带雨林气息。Carla Amorim是极少数有国际影响力的、成功的巴西珠宝设计师之一，她深受巴西本土风情、几何美学以及天主教信仰的影响，偏爱将不同颜色的珍贵宝石运用到她的设计中来呈现所追求的质感（图7-3）。

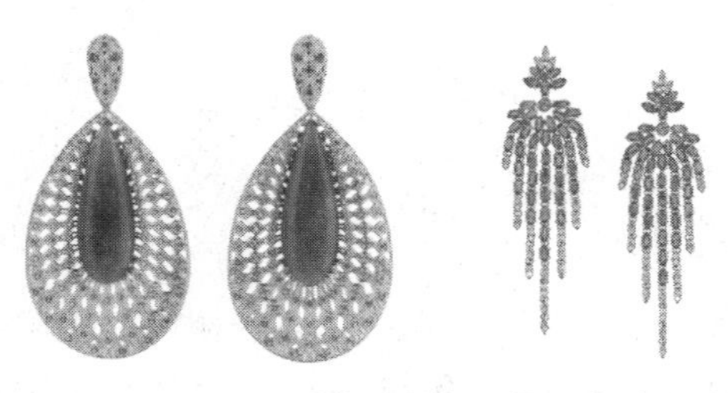

图7-3　Carla Amorim设计的具有巴西本土风情的珠宝首饰

（三）现代风格首饰

在现代风格首饰中往往是追求简约时尚，反对冗余的装饰，重视功能和空间结构以及几何符号的运用，讲究材质与色彩的搭配效果。例如德国的珠宝设计就是崇尚简洁，所以大多数德国的珠宝首饰作品颇具现代感（图7-4）。

图7-4　德国现代感珠宝首饰

（四）浪漫风格首饰

这类风格的珠宝首饰设计优美精致，线条娇柔细腻，充满浪漫色彩。比如娇美俏丽的花、蝴蝶、心形、镂空形的花边设计都有高贵而怀旧的气质（图7-5）。

浪漫风格的首饰其宝石有心形、橄榄尖形及梨形等，镶嵌成型往往给人一种温馨雅致的美感。而宝石的颜色一般都选择柔和娇艳的色调，比如彩虹、紫色等。浪漫型的首饰，有浓厚的女性味道，温柔、娇艳而浪漫，是晚宴、舞会等场合引人注目的上佳饰物。很多古董首饰比如维多利亚女王时代、艺术时代的首饰的设计都有不少属于浪漫型的。

图7-5 浪漫风格首饰

（五）前卫风格首饰

前卫风格首饰也称概念首饰，讲究思维和意蕴，追求个性、意象和雕塑感，表达了对精神和情感的深层次追求，使设计师的自我表现意识得到了空前的张扬。例如美国的蒂芙尼就是前卫风格的代表，如图7-6所示。

图7-6 蒂芙尼高级珠宝首饰

在不同地区，珠宝首饰与其长久以来的文化、宗教、习俗的传承密切相关，我们总能从珠宝首饰中窥见独特的魅力。各异的人文特点造就了迥异的珠宝首饰设计风格，或清新自然，或含蓄内敛，亦或个性张扬，珠宝的世界正是由于这些差异的存在才更显精彩。

风格也就是特色，是通过设计者的创作所表现出来的创作思想和艺术特点。珠宝首饰的风格是许多因素的综合反映。在实践中，对珠宝首饰风格的具体界定往往是很困难的，因为设计者在设计时可能在现在的设计中加入了原始的装饰，而在前卫的设计中又有许多民族的元素，在古典的设计中却运用了现代的工艺制作。东西方的文化也随着现代交通的发达、社会的开放等因素而逐渐相互渗透，差别日渐缩小，珠宝首饰设计已进入了一个风格多样化时期。

二、珠宝首饰设计风格的影响因素

珠宝首饰设计风格的形成受到设计师自身条件及时代背景、社会环境、民族和文化等因素的制约和影响，总的来说，这些因素可以分为主观和客观两个方面。

主观因素是指设计师自身的各种条件，主要包括心理特质、审美情感、生活经历、思想观念和艺术修养。设计师在自身设计风格的形成过程中，必然会受到这些因素的影响，使其创作显示出独特的风格。例如，蒂芙尼的天才设计师Paulding Farnham在延续老师Moore自然主义风格的基础上将非对称性结构的色彩和造型注入设计中，形成了自己独有的风格，其设计的兰花胸针形态各异，令人耳目一新。只有设计师的艺术修养达到了一定的境界，才有可能在创作上超越自己的师承，形成鲜明的个性特征。

当然，风格并不是设计师的主观臆想，而是其主观特性与客观现实综合作用的结果，这里的客观现实即客观因素，主要包括时代背景、社会环境、民族因素和文化因素，其中文化的影响尤为突出。例如，周大福的蝴蝶系列黄金饰品一经推出便十分畅销，这与中国人偏爱足金黄金以及中国的福文化息息相关，所以说设计风格的形成与人们的文化消费倾向、特定的文化氛围和社会文化心理等有十分直接的联系。

第二节　蒂芙尼珠宝首饰设计风格

一、蒂芙尼设计理念

蒂芙尼（Tiffany）自1837年成立以来，一直将设计富有惊世之美的原创作品视为宗旨。事实证明，蒂芙尼珠宝不仅能将恋人的心声娓娓道来，其独创的银器、文具和餐桌用具更是令人心驰神往。“经典设计”是蒂芙尼作品的定义，也就是说，每件令人惊叹的蒂芙尼杰作都可以世代相传。蒂芙尼的设计从不迎合起起落落的流行时尚，因此它也就不会落伍，因为它完全凌驾于潮流之上。蒂芙尼的创作精髓和理念皆焕发出浓郁的美国特色，简约鲜明的线条诉说着冷静超然的明晰与令人心动神怡的优雅。

和谐、比例、条理，在每一件蒂芙尼设计中都能自然地融合并呈现出来。蒂芙尼的设计讲求精益求精，它能随意从自然万物中获取灵感并撇下繁琐和娇柔做作，只求简洁明朗，而且每件杰作均反映着美国人民与生俱来的直率、乐观以及乍现的机智。蒂芙尼创立不久就设计了束以白色缎带的蓝色包装盒（如图7-7所示），成为其著名的标志。19世纪、20世纪之交，蒂芙尼品牌首次使用不锈钢首饰盒，并强调要银色，不要金色。

图7-7　蒂芙尼蓝色礼盒

蒂芙尼的设计师们就是秉承着这样的设计理念以卓尔不群的手笔创造了一次又一次的经典。安妮皇后的蕾丝发饰（图7-8）、电影《蒂芙尼的早餐》中的“Ribbon Rosette”项链、设计师波尔丁·法汉姆的珐琅兰花胸针（图7-9）、蒂芙尼狮头手镯（图7-10）……他们将创新精神展现得淋漓尽致。尤其是电影《蒂芙尼的早餐》中奥黛丽·赫本佩戴蒂芙尼项链（图7-11）的经典画面早已成为电影史的永恒瞬间，蒂芙尼独具匠心的设计与精湛的工艺造就了独一无二的“蒂芙尼黄钻”（图7-12），也诠释了美国的经典与创新文化。美国文化的核心是“无物不变”，美国人有着强烈的变化意识，热衷于永无止境的变化。蒂芙尼的设计师们喜欢独辟蹊径，标新立异，在别具一格中出奇制胜，他们放任个性，追求自由发展以及自我实现，他们就是在美国创新文化的熏陶下不断地创造经典，追求卓越。

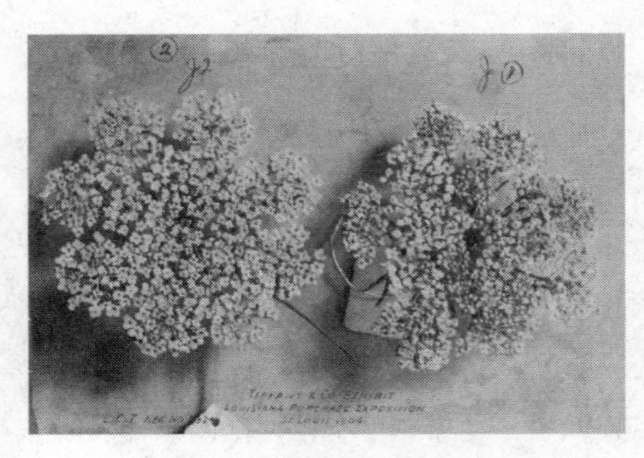

图7-8　安妮皇后的蕾丝发饰

图7-9　珐琅兰花胸针

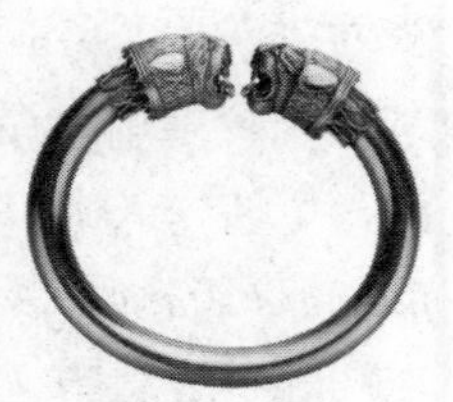

图7-10　狮头手镯

图7-11　奥黛丽·赫本在电影《蒂芙尼的早餐》中佩戴的蒂芙尼项链

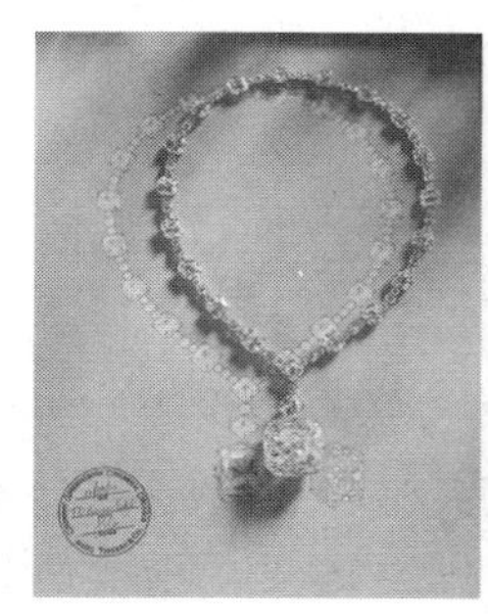

图7-12　独一无二的蒂芙尼黄钻

路易斯·康福特·蒂芙尼（Louis Comfort Tiffany）的自然主义设计风格源自他漫步乡间时所领略到的壮丽景致。他巧妙运用多种混合金属、珐琅和宝石，营造出与其印象派画作着色如出一辙的柔和色调，完美捕捉并诠释出迷人景致的美丽风韵。他为安妮皇后设计的蕾丝发饰（创作于1904年）由蛋白石、翠榴石、珐琅、银和铜等多种材质精心打造而成。

二、蒂芙尼设计材质

消费者的情感体验会因材质的不同而有所差异，例如，黄金会给人一种雍容华贵的感觉，玉会让人倍感温润柔和，钻石则会让人联想到浪漫永恒的爱情。随着科技和工艺的发展，越来越多的材质运用于珠宝首饰设计中，但不同风格的品牌珠宝在材质的选择上呈现出不同的偏好，而这种偏好与其所处的文化背景密不可分。

蒂芙尼的创始人之一查尔斯·路易斯·蒂芙尼（Charles Lewis Tiffany）开创了用钻戒求婚的传统。蒂芙尼则是梦想婚戒的代名词，被美国媒体称为“钻石之王”，其著名的六爪镶嵌法一经面世便立刻成为订婚钻戒镶嵌的国际标准。钻石是美国人最热爱的珠宝，它在美国人眼中就是财富和美丽的象征，也表达着对永恒爱情的希冀。钻石简洁明朗，撇下繁琐和矫揉造作，反映了美国人民与生俱来的直率、乐观和乍现的机智；钻石光芒四射、璀璨夺目，亦如同美国人的性格一样，高调张扬，放任个性。

从开创初期的银质餐具到银质装饰品再到钻石，蒂芙尼的设计师缔造出许多非凡珍品。自光辉灿烂的1890年开始，不少来自美国的阿斯特家族（The Astors）、范德比尔特家族（Vanderbilt）或摩根家族（The Morgans）的名门淑女，都为恒久美丽的蒂芙尼钻饰所倾倒。同时来自戏剧界、运动界、欧洲皇室的名人，甚至是好莱坞电影界的明星，亦视蒂芙尼钻饰为无价瑰宝。蒂芙尼纽约旗舰店成为诸多电影的拍摄场景，其中最知名的莫过于奥黛丽·赫本主演的《蒂芙尼早餐》了。

三、蒂芙尼设计色彩

蓝色盒子作为蒂芙尼首饰的独特象征在消费者心中是身份和地位的象征。它采用的是用蓝色作为盒子的基础色彩，然后用白色丝绸作为系带。而蓝色本身给人一种神秘、高贵的视觉感受，白色与蓝色之间形成的色彩对比又给人留下深刻印象。同时，白色的丝带在蓝色的衬托下越发纯洁，给人以一种纯净、自然之感，而这也是蒂芙尼首饰要传递给消费者的信号之一。

自问世之日起，蒂芙尼蓝色礼盒便以其独一无二的魅力倾倒了整个世界。众所周知，只有购买蒂芙尼产品的顾客才能获得这款令人一见倾心的礼盒，这一条规正是当年由查尔斯·路易斯·蒂芙尼（Charles Lewis Tiffany）亲自订立。正如1906年《纽约太阳报》所载：“蒂芙尼有一样产品，无论花多少钱都买不到，因为它只送不卖，这就是蒂芙尼的礼盒。”无论是在车水马龙的街道中偶然一瞥，还是托于掌心凝望静赏，蒂芙尼蓝色礼盒都会令您怦然心动，它象征着蒂芙尼优雅高贵、独一无二、完美无瑕的工艺传统。

为人所熟知的蒂芙尼蓝是蒂芙尼的颜色商标，它源自一种美国罗宾鸟蛋的颜色。罗宾鸟在西方传说中叫作知更鸟，是浪漫与幸福的象征，与蒂芙尼“爱、浪漫、梦想”的设计主题相匹配。蒂芙尼的珠宝首饰大多以银色为主，银色高雅纯洁、自由梦幻，是美国文化中的崇尚色。蒂芙尼蓝精品款，无论是女士时尚表坠项链、女士个性耳钉（图7-13）、水仙花珐琅戒指（图7-14），抑或是Paloma Picasso系列珠式耳钉，均为纯银材质再配以蒂芙尼蓝镶嵌，蓝与银的结合代表着一种浪漫与幸福，这里的每一个细节和理念，都始终只诠释两种东西——爱与美。

无论是蒂芙尼蓝还是蒂芙尼所主打的银色都表明了美国人心中最真实的信仰——自由和梦想，如美国梦所传达的信念：每个人都有追求幸福的自由和权利，每个人都能通过自身的努力获得幸福。

图7-13　个性耳钉

其实每个色彩都是有语言的，不同的色彩有着不同的情感基调。同时，不同颜色之间的调和以及搭配所形成的色彩对比对人的视觉冲击也有所不同，进而在一定程度上给人造成不同的心理感受。不管是在艺术中还是在设计中，都离不开色彩的衬托。而它们在色彩运用上也都遵循着美学上的审美原则，满足着现代的艺术要求。历经新艺术流派时期，装饰艺术流派时期直至今天的现代典雅风格，蒂芙尼设计的珠宝一直都是世界各地博物馆的至爱珍藏。每年在世界各地的拍卖会上，蒂芙尼钻饰都令人趋之若鹜。今天，重达128.54克拉，享誉国际的“蒂芙尼彩黄巨钻”永久陈列在蒂芙尼的纽约旗舰店，见证着蒂芙尼美钻的非凡传奇。

图7-14　水仙花珐琅戒指

四、蒂芙尼设计形态

形态是指具有一定结构实体的形象和状态。任何一件首饰作品都是以一定的形态呈现在人们面前，在珠宝首饰设计中对形态的充分利用将使首饰更具视觉冲击力和空间美感。在构成形态最基本的抽象单位——点、线、面中，线是最具表现力的。线有粗细曲直之分，粗线较细线更能体现形态的体积感，而曲线比直线更富有动感；平面的线没有立体感，立体的线具有更广的自由度和创造力。几何学中的面只有面积，没有厚度，而珠宝首饰设计中的面却具有明显的厚度，显得灵活、柔软、动感，充满立体感。

在蒂芙尼经典设计中，尤为醒目的一个珠宝设计就是毕加索女儿巴罗玛·毕加索设计的曾经风靡全球的亲吻造型的首饰（图7-15），这个造型就取自于字母X造型。其实在蒂芙尼首饰中可以看到许多像这样的将简单图案通过艺

图7-15　毕加索女儿巴罗玛·毕加索亲吻造型的首饰

术创作的形式进行改造而得到的成品，它们在设计中都是取自于生活。

Paloma Picasso生于巴黎，是一位名副其实的艺术家，她运用光泽鲜丽的彩色宝石大胆开创了独树一帜的设计风格，因此而名声大噪。她十几岁时便开始了自己的珠宝创作生涯，出道不久，她就开始投身于先锋派戏剧的制作，并为名闻遐迩的女装设计师Yves Saint Laurent设计时尚珠宝。1979年，Picasso应蒂芙尼设计总监John Loring之邀为蒂芙尼的一次展会设计展台背景。一年后，Picasso的首个专属珠宝系列在蒂芙尼隆重面世。

图形的运用在首饰设计中随处可见，而这种运用也给现在的设计提供了许多火花以及创作空间。尤其是在珠宝行业的设计中，一般采用简单的线条图案，便于展现出女性的柔美、突出钻石的光芒。而在艺术与设计中，虽然说图形的原型来自于生活中常见的形状或者是事物，但是在真正成品展现中又看不到原来的影子。这其中就是一个加工再创作的过程，不同的设计者有不同的思考角度，因而对原始图形的改造也就有不同的方式。而这也就是艺术与设计的魅力之一，源于生活而高于生活。

图7-16　粉钻

图7-17　螺旋状戒指

蒂芙尼则是协调、均匀和秩序的结晶，在设计中更注重立体思维，讲究体积感、光影感和结构的出奇制胜。这是因为美国的美术原本是以表现客观为主的，追求的是物体在光照下的明暗体现，强调面的刻画而并非追求线的完善。Tiffany Somerset TM多以螺旋状和环状为主（图7-16、图7-17），面被折叠、弯曲、翻转，形成井然有序或自由不羁的造型，展现了现代首饰的简约大方和优雅别致。

五、蒂芙尼设计元素

艺术源于生活，珠宝设计艺术亦是如此。大自然充满丰富的线条和鲜明的色彩，艳丽的彩虹、晶莹的露珠、轻盈的雪花、灵巧的飞燕、五彩的珊瑚，这一切的自然物象都是珠宝首饰设计者的灵感源泉。无论是中国周大福还是美国蒂芙尼，尽管有着不同的主打风格，他们的珠宝首饰设计中都渗透着大自然的气息，流露出自然主义风格。

蒂芙尼的设计师们也十分钟情于自然元素的运用，Tiffany Keys系列，深厚的历史韵味、至高无上的品质，悬挂于花形、三叶草形、迷你心形、圆形、椭圆形或中国结形状的链环之上，散发着令人心动的自然气息。值得一提的是设计师艾尔莎·柏瑞蒂，贝壳、豆子、苹果、水滴等自然物都是她创作的灵感源泉，其设计具有独特的自然美感和雕塑感，因而广为世人所称赞。她设计的Diamonds by the yard系列简约干净的底座镶嵌圆形、心形、水滴形等形状的钻石或珍珠，如同跳跃的光点在柔和的线条上熠熠生辉，都毫无掩饰地展现了大自然的魅力。

这些以自然物象为素材或是线条简明、造型单纯、色彩纯朴的珠宝首饰设计作品，不但赋予了珠宝首饰以灵性和生命力，还唤起了人们对自然的热爱和关注，满足了人们渴望回归自然的深层次心理需求。

六、蒂芙尼设计功能

珠宝首饰最原始的功能就是装饰，但随着社会的进步和发展，其外观和内涵已发生了质的变化，珠宝首饰的情感传递逐渐成为设计者的关注点，也成为佩戴者新的诉求。作为两种主打不同风格的成功珠宝品牌，蒂芙尼同样追求人性化的珠宝首饰设计，表现出日益增加的情感功能。

蒂芙尼开创了用钻戒求婚的美式传统，其最具代表性的多款订婚钻戒之中新增的Tiffany Harmony系列首饰以18K玫瑰金镶粉钻（如图7-18所示），钻石光彩与风格魅力完美辉映，真爱璀璨，象征着甜蜜爱侣的美好希冀与浪漫梦想。

图7-18　18K玫瑰金镶粉钻

在漫长的发展历程中，珠宝首饰的功能在不断地变化，如今人们佩戴珠宝首饰不仅仅是为了美化自己，更是为了展现个性、寄托情感，体现了消费者对珠宝首饰的情感诉求。因此，设计师在珠宝首饰设计中融入情感因素，能为客户提供情感化体验，使客户产生情感上的共鸣，珠宝的价值也由此得到提升。

从以上可以看出，蒂芙尼崇尚经典，追求个性，色彩张扬，展现着钻石的永恒魅力。但随着东西方珠宝文化的交流与融合，蒂芙尼在有着各自主打风格的同时也呈现出一些融合现象。

第三节 卡地亚珠宝首饰设计风格

一、卡地亚珠宝创始历程

卡地亚（Cartier SA）是一家法国钟表及珠宝制造商，在19世纪中期开始闻名。现时为瑞士历峰集团（Compagnie Financière Richemont SA）下属公司，是知名度最高、历史最悠久的品牌之一，同时卡地亚也是最受贵族明星喜爱的品牌。1847年，Louis-Francois Cartier接掌其师Adolphe Picard位于巴黎Montorgueil街29号的珠宝工坊，卡地亚（Cartier）品牌就此诞生。1904年卡地亚（Cartier）为老友Santos制造的金表，该款腕表无论设计还是做工都让Santos大为赞赏，同年，卡地亚成为英国王室的皇家珠宝供应商，这一殊荣背后的光环使卡地亚（Cartier）得以逾越其他珠宝品牌，一跃成为上流社会的宠物。

卡地亚第三代并不仅仅满足于在华丽的店铺接待尊贵的宾客，三兄弟还不断游历世界各地，搜珍猎奇，三兄弟在游历世界的过程中所体验到的异国文化，也深深地影响了卡地亚和精品风格。他们的足迹遍布全世界，1902年和1909年，卡地亚分别在伦敦和纽约成立了分公司，也进一步奠定了卡地亚的高端文化。无论高级珠宝还是腕表系列，卡地亚产品都本着出色的制作工艺、专业技术和独特风格，传递着专属其品牌的高贵价值。

二、卡地亚珠宝设计理念

自品牌创立以来，卡地亚一直遵循并巧妙运用优雅原则。卡地亚珠宝工坊力臻完美，将珍贵罕有的材质打造成精美绝伦的珠宝，打开通往梦幻之地的大门。历史悠久的卡地亚曾有过许多重要的设计专题，包括“系列主题创作”、“重现高级珠宝的艺术精粹”等，这些传统设计理念对卡地亚影响深远。珠宝设计需要经典美学，但还要加上当代的精神演绎，作品才能更具时代感，从而被人们接受。时代特色结合传统工艺神韵是卡地亚高级珠宝系列一直追求的最高境界。在流畅的线条、明澄的色彩中，卡地亚演绎着美的真谛——美在于简单而不在于繁复，在于和谐而不在于冲突。

一百多年来，卡地亚一直擅长将神秘奇幻的风格融入钟表的制作。随着时间的推移，这一绝妙的制表理念引领一件件时计珍品应运而生，在晶莹通透中凝结出魔幻般的魅力。

三、卡地亚珠宝设计系列

卡地亚的历史中印证着现代珠宝百年的历史变迁，在其发展历程中，始终保持着与各国的皇室贵族和社会名流的紧密联系，如今更已成为全球时尚人士的奢华梦想。卡地亚以其非凡的创意和完美的工艺为人类创制出许多精美绝伦、无可比拟的旷世杰作，因而获得了“皇帝的珠宝商，珠宝商的皇帝”的美誉。

（一）Trinity

20世纪20年代，Louis Cartier为好友著名诗人Jean Cocteau设计了造型独特且富有创新的卡地亚三环戒指，三个金环相互环绕在一起象征着：友谊（白金）、忠诚（黄金）和爱情（玫瑰金），这是卡地亚对永恒不变的爱的完美演绎（图7-19）。

图7-19　卡地亚三环戒指

它已成为世界上最享负盛名的戒指之一，同时也是卡地亚的灵感源泉和品牌标记。分别以玫瑰金、白金和黄金打造而成的三环彼此交缠，冲击时代与潮流，展现个人风格及身份象征。紧密联系的三环标志着卡地亚完美演绎品牌精髓，犹如纯朴温柔的友情，象征着世世代代的未来，展现于无名指上的盟定，一个刻有奇异独特、神秘梦幻与恒久永远的全新系列，塑造出极致的感性。背面凸起，但正面格外光滑，任由环圈互相缠绕，转眼又在金属的表面上互相掠过。

三环诚然流露出法式的优雅，交织着自然与古典主义。三环进入生命之中，牵动所有年纪的人。

（二）LOVE

诞生在纽约卡地亚设计工作室的“LOVE手镯”，正是以螺丝为媒，并独具匠心地用一个专配的螺丝起子，锁住两个半圆金环，使其从此不再有缺憾，变得完整且圆满，仿佛在尘世中苦苦寻找着另一半的彼此，终于邂逅、结合、身心交融。而购买这款手镯的爱侣佩戴它时，也要通力协作，体会为真爱所投入的共同努力与悉心呵护；戴上后将配套的螺丝起子交给爱人保管，则又代表了爱的忠诚与承诺。

正如卡地亚的其他杰作一样，“LOVE手镯”巧妙的创意背后也有着深远的历史内涵。当时的西方社会，正处在文化、道德及政治理念剧烈动荡的时期，盛行的“性解放”运动让很多人丧失了对爱与生活的信仰。但这款手镯的问世却仿佛一股清风，吹入了大家迷惘的心田，使人们重新相信爱情与忠贞的美好，再次发现尊重与信任的力量。更有意义的是，“LOVE手镯”改变了首饰在时尚中的角色，它不再只是衣服的附庸，而成为可以独自闪耀的亮点。

（三）Panthère de Cartier

优雅的美洲豹（美洲豹女士）向来是卡地亚钟爱的形象，如今，举世闻名的珠宝名家再次从这个传奇动物获得灵感，以漆黑的缟玛瑙、雪白的钻石与青翠的祖母绿，创作出一系列华美的珠宝首饰。美洲豹的体型修长精瘦，姿态优雅高贵，结实的筋肉爆发着无限动力；它的神情深奥莫测，绿宝石般透明的双眼，闪耀着柔和又警觉的目光。卡地亚从中获得了丰富的灵感，创作了数款缟玛瑙和钻石的流苏胸针、蓝宝石圆珠项链、豹纹造型戒指与手环（图7-20）。

图7-20　美洲豹

这系列的首饰充满动人心弦的优雅气质，展现美洲豹狂野又驯顺的双面风貌，完美地以另一种角度刻画女性外柔内刚的内心，并以珠宝的形式衬托出华丽又娇贵的特质。

（四）SANTOS腕表

Santos deCartier 这款最早期飞行腕表源于对于翱翔于天际间对于自由的渴望。路易·卡地亚的巴西富豪好友山度士·杜蒙（Santos Dumont）同时也是位著名飞行员。在一次巴黎的聚会里，杜蒙向好友卡地亚提及无法于飞行之际轻易读取时间的问题并寻求解决之道。路易·卡地亚反复思索与探究后成就了这只革命性的Santos飞行腕表。

图7-21　Santos飞行腕表

1904年这款以好友为名的Santos飞行腕表（如图7-21所示）以前所未有的概念与造型惊艳问世。杜蒙于1907年创下飞行佳绩，打破了22秒飞行220米的原有纪录，走下自己的"14 bis"号飞机时，众人目睹他正阅读腕上的手表。从此以后，他的崇拜者无一不渴望拥有一只腕表之际同时也开启卡地亚制作精致高级腕表之路。

（五）Perles de Cartier珍珠女式手表

Perles de Cartier珍珠女式手表采用了典型的适形式构图，表盘上的时标纹样依据表盘的形状进行相应的变形，藏露掩映，隐显结合，呈现出一种动静相互的冲突与融合。此外，珍珠的运用则丰富了组合构图的内容，富有鲜明的形式美特征和强烈的装饰性趣味。见图7-22。

图7-22　Perles de Cartier 珍珠女式手表

四、卡地亚珠宝设计经典作品

（一）卡地亚神秘钟

在卡地亚的历史上，神秘钟占据了一个举足轻重的篇章。神秘钟之所以"神秘"，皆因其由铂金与钻石打造的指针仿似悬浮于透明钟体之上，与机芯没有丝毫连接。

正如1925年顶级时尚杂志《La Gazette du Bon Ton》所称，它是一个"钟表史上的奇迹"，是路易·卡地亚与杰出制表大师莫里斯·库埃（Maurice Couet，1885～1963年）精诚合作的结晶。其时莫里斯·库埃年仅25岁，却已因其超凡技艺而备受卡地亚赏识，并于1911年成为卡地亚专属供货商。1912年，首款神秘钟诞生，并被命名为Model A。

莫里斯·库埃的灵感来自让·欧仁·罗贝尔·乌丹（Jean Eugène Robert Houdin，1805～1871年）发明的时钟，这位伟大的法国魔术师也是现代魔术的开创者。库埃所借鉴并发扬光大的原理基于一个绝妙的概念：指针并不直接与机芯连接，而是固定在两个锯齿状金属边框的水晶圆盘上。水晶圆盘由机芯带动（大部分位于时钟底部），分别以时针和分针的速度旋转。为使幻象更为逼真，圆盘的金属边框被隐匿在时标圈下。

Model A神秘钟曾衍生出多种款式，搭配不同材质的底座（缟玛瑙、玛瑙、软玉、K金等），精心装饰的表盘与框架（其中以白色珐琅和珍珠母贝最为常见），以及各种形状的指针。

1920年，采用“中央单轴”的神秘钟问世。与Model A不同，它的两个圆盘通过一根中央转轴驱动，而非底座两侧的双轴。这项创新在美学设计方面给予了卡地亚更高的自由度。1923年，神秘钟的工艺更趋完美，在著名的“庙门”（Portique）系列神秘钟内，机芯被置于时钟顶部。

这些神秘钟极为珍贵罕有，个别款式甚至需要超过一年的精工细作，并由多位能工巧匠参与其中。其时名流显贵莫不竞相拥有，包括美国银行家小约翰·皮尔庞特·摩根（John Pierpont Morgan Jr）、西班牙王后、英皇乔治五世的妻子玛丽皇后、印度帕蒂亚拉土邦主（Maharajah de Patiala）等，他们都拥有一件或数件此类珍稀时计。

迄今为止，卡地亚艺术典藏系列已汇集了17款独一无二、价值连城的神秘钟，其中包括“庙门”神秘钟系列（共6座）的首款杰作，以及两款与1912年问世的首座神秘钟极为相似的Model A。

时至今日，卡地亚神秘钟的制作从未停止，并始终围绕着品牌最重要的设计灵感与创作主题。一个多世纪以来，卡地亚不断书写着一篇篇神秘的传奇。

（二）Rotonde de Cartier神秘腕表

缥缈空灵的Rotonde de Cartier神秘腕表，以其悬浮在空中的指针迷幻视觉，令观者无不屏气凝神。极致简洁的外观设计，往往会使人忘记其玄妙神奇的时间显示方式，其实来源于精密非凡的复杂钟表结构。实际上，为使这款全新卡地亚机芯至臻完美，卡地亚的制表大师对经典力学问题重新进行了研究，他们的目标是克服由驱动大尺寸蓝宝石水晶圆盘而引发的一系列技术难题。这也是同类机械装置需要解决的一对矛盾，不仅要毫无保留地表现时计的卓越构造，还要将经由数百小时测算才研制而成的复杂钟表结构隐藏起来。

要创作一枚神秘腕表，卡地亚腕表工作坊的制表大师必须竭尽所能克服一切内在限制，使指针与机芯丝毫无法察觉的连接更臻完美无痕。为了减少蓝宝石水晶圆盘间的摩擦，制表大师决定令其围绕细轴旋转，与齿轮的运作相仿，而非神秘钟通常采用的通过导槽运转的传统方式。

这一全新的结构理念与指针轮相结合，避免摩擦的同时降低了机芯的能量消耗。当摩擦力减小到最低水平，则需要通过以深度反应离子刻蚀技术（DRIE）制成的齿轮装置来优化这些总重为0.56克的大尺寸蓝宝石水晶圆盘的惯性。这项先进技术能够运用三维构建的方式来制作金属部件，从而打造出与蓝宝石水晶圆盘高度契合的一体化齿轮，令组装的几何精度达到微米级。

第四节　宝格丽珠宝首饰设计风格

一、宝格丽珠宝设计历程

（一）宝格丽的发展历程

意大利的宝格丽（Bvlgari），是继美国蒂芙尼和法国卡地亚之后的世界第三大珠宝品牌。

宝格丽家族的历史可以追溯到19世纪，1879年，希腊银匠索帝里欧·宝格丽举家移民到意大利的那不勒斯，并于1884年在罗马开了一家银器店，专门出售精美的银制雕刻品。到了20世纪初，索帝里欧·宝格丽的两个儿子乔治和科斯坦蒂诺已经长大，他们开始热衷于制作宝石首饰。在跟随父亲学习了多年生意经之后，兄弟二人终于在1930年完全接管了家族生意，开始悉心打造他们的珠宝首饰王国，并把品牌名称改为宝格丽。宝格丽店址迁至Via dei Condotti大街10号，这个地方至今还是公司总店所在地。此外，宝格丽开始在纽约、日内瓦、蒙特卡罗等地开设海外公司，并在瑞士成立了宝格丽手表公司，后来香水也成为宝格丽的产品之一。

（二）宝格丽珠宝的地位

20世纪初，在欧美珠宝界中，以法式风格最为盛行，首饰的题材和选料都有一定规矩。到了20世纪40年代，来自意大利的宝格丽率先打破了这一传统。它在首饰生产中以色彩为设计精髓，独创性地用多种不同颜色的宝石进行搭配组合，再运用不同材质的底座，以凸显宝石的耀眼色彩。为了使宝石的色彩更为齐全，宝格丽首先在它的首饰上使用了半宝石，如珊瑚、紫晶、碧玺、黄晶、橄榄石等。宝格丽产品色彩之丰富，常常令人叹为观止。

为了使首饰上的彩色宝石产生浑圆柔和的感觉，宝格丽开始研究改良流行于东方的圆凸面切割法，以圆凸面宝石代替多重切割面宝石。这对当时的欧美传统首饰潮流来说，算是一次有冲击性的革新。此外，宝格丽开创了心型宝石切割法和其他许多新奇独特的镶嵌形状，这在当时是惊人之举。事实上，到今天，这些已经逐渐发展为首饰生产的标准。

自1884年宝格丽诞生的130多年以来，以其大胆的设计，独特的风格而著称，得到世界各国社会名流的热烈追捧，备受皇室贵族、影视明星的青睐，宝格丽家族源自希腊，根深蒂固地受到了经典的希腊传统的影响，然而却又是在罗马文化的影响下得到了发扬光大，在希腊和罗马文明的灵感启发下，宝格丽的设计出现了空前的繁荣，这已经成为了宝格丽商标的一个最为显著也最为震撼人心的部分。它不仅仅充分体现出了宝格丽过去的显赫，也使得宝格丽要保持其文化遗产活力的雄心壮志得到了满足，宝格丽的每件作品，都渗透超卓的精神，细腻卓著、追求绝对高品质是每件产品的特征，不断地超越自我。

宝格丽的作品以大胆优雅、令人一望便知的风格为特点，被定义为现代经典，因为它以不断创新和联想的方式，重新演绎着以艺术和建筑为灵感的主题。此外，宝格丽的风格创新还能够创造和破解最新潮流，为顾客不断变化的品位提供永远带来惊喜的全新系列。永远关注材质和工艺的出色品质，努力为顾客带来永恒经典、不容置疑的完美作品。当代著名的艺术大师Andy Warhol曾经说过："每次我参观宝格丽专卖店就仿佛欣赏最优秀的当代艺术博物馆。"这便是对宝格丽品牌内涵的最好总结。

二、宝格丽设计风格演变

宝格丽在首饰生产中以色彩为精髓，独创性地用多种不同颜色的宝石进行搭配组合，再运用不同材质的底座，以凸显宝石的耀眼色彩，大胆独特、尊贵古典、均衡，也融合了古典与现代特色，突破传统学院派设计的严谨条规，以希腊式的典雅、意大利的文艺复兴及19世纪的冶金技术为灵感，创作出宝格丽的独特风格。

（一）从创始到20世纪40年代——探索

19世纪的最后25年中，索帝里奥·乔吉斯·宝格丽制作的银饰无论样式还是材质皆为"Neo-Hellenic"（新希腊）风格，在罗马颇受英国游客的欢迎。它们融合了拜占庭与伊斯兰的传统元素，采用大量花卉、枝叶及寓言元素的图案。20世纪50年代以前，巴黎一直是时尚与创意珠宝的中心，索帝里奥的设计自然会长期受到法式风格的影响。因此，20世纪20年代早期的Bulgari饰品——几何感的设计、自然主义的风格化图案——灵感都源自装饰艺术风格，并且均采用铂金镶座。20世纪30年代，珠宝首饰的尺寸和选材都有了更高的要求，以几何图案为设计精髓，独创性地运用多种切工的钻石或者将钻石与彩色宝石进行搭配组合，如蓝宝石（如图7-23所示）或红宝石。

图7-23　蓝宝石

当时比较时尚的是可拆分珠宝，比如项链可以拆分成单独的手镯、夹子或胸针。宝格丽恒久不衰的经典杰作Trombino戒指也是此时问世的。这枚戒指因形似一只小喇叭而得名。乔吉斯·宝格丽将第一枚戒指样品赠予未来的妻子Leonilde。

20世纪40年代，珠宝的制作发生了根本的改变。镶嵌钻石的铂金被镶嵌五彩宝石的黄金所取代。这些作品受到了第二次世界大战的影响，几何设计变得更加流畅、自然。到了20世纪40年代末，宝格丽的蛇形表带腕表诞生了。这是宝格丽品牌的第一款蛇形饰品，随即也成为最著名的品牌标志。Serpenti（蛇）凝练为高度风格化的链圈，有的采用Tubogas 金属软管技术，有的采用金网工艺，在手腕上蜿蜒缠绕。

（二）20世纪50～60年代——色彩革命

第二次世界大战后经济复苏，珠宝再度盛行，珍贵的白金及珍贵宝石（如图7-24所示）广泛用于珠宝设计中，尤其是占据主导地位的最时尚的宝石——钻石。顶级珠宝仍带有法国学院派风格，但与二战前相比，图案更鲜明，线条也更柔软。

20世纪五六十年代间，宝格丽创作了华美的Tremblant颤动花朵胸针系列，将“花冠”镶嵌在弹簧上，令“花朵”在佩戴者的一举一动之间微微颤动（如图7-25所示）。

图7-24　蓝宝石和红宝石项链

图7-25　Tremblant颤动花朵胸针系列

20世纪50年代末，宝格丽设计开始跳脱巴黎式风格，创建自己的独特风格，饰品的形状变得更加结构井然，更对称，也更简约，并且几乎全部采用黄金制作。品牌逐渐形成了极具个性化的色彩美学，创造出不同寻常的组合搭配。宝格丽放弃了钻石与“祖母绿、红宝石、蓝宝石三大组合”的传统搭配，选用宝石时不考虑材质的内在价值，更注重色彩搭配效果（如图7-26所示）。随着时间的推移，宝格丽的作品色彩愈加缤纷艳丽，而色彩搭配也愈见大胆。大量地使用蛋面切割宝石并镶嵌到醒目的位置，代表了宝格丽进一步突破性的创新，这也是对20世纪主流风格的颠覆，当时蛋面切割仅运用于价值较低的宝石。此时，真正的“意大利学院派”珠宝诞生了，宝格丽风格也至此确立。

图7-26　多彩组合

（三）20世纪70年代——兼容并蓄的创造力

20世纪70年代，宝格丽家族第三代传人接管了公司业务，为宝格丽品牌注入了创新活力。 他们将宝格丽家族的制造传统与新的技术和理念完美结合，这从宝格丽的大量设计图案中便可见一斑。有些优雅设计是受到了烟花的灵感激发，有些则是从东方元素中寻找灵感，还有些灵感源自光学艺术或流行艺术，星条旗图案珠宝便是代表之一。

然而无论搭配何种价值的宝石，黄金仍然是贯穿始终的主题。通过黄金的应用，宝格丽允许任何一件珠宝，即便是价格最昂贵的珠宝，都可以在非正式场合日常佩戴；传统意义上，黄金适合白天佩戴，而铂金和白金则适合晚上出席重要活动时佩戴。

此阶段有两个特征，一个是将椭圆形元素与镶嵌在黄金和钻石周围的蛋面切割宝石融为一体；另外一个是被称作“Gourmette”的衔索黄金链，这两个特征最终成为品牌的独有标志（如图7-27所示）。该阶段最流行、最独特的首饰是长款项饰，这与当时的时尚迷嬉装十分相衬。20世纪70年代，宝格丽陆续在纽约、日内瓦、蒙特卡罗和巴黎开设了分店。

图7-27　黄金链

（四）20世纪80～90年代——富丽与色彩

这十年间，宝格丽确立了鲜明的设计风格：黄金、丰富的层次、艳丽的色彩、醒目的轮廓以及独具一格的装饰图案。为了达到良好的视觉效果，宝格丽在设计时大胆选用并搭配不同价值的各类宝石。

珠宝因而变得不再传统，而是愈加精致，甚至是弥足珍贵，适合各种场合，可谓宝格丽的“百搭”法宝。宝格丽在模块化珠宝中也践行了这一独特理念，以重复的元素构造出极具冲击力与辨识度的设计，交错联结，构成无尽的组合。

宝格丽最负盛名的模块化珠宝就是Parentesi系列，其设计灵感源自罗马街道上的石灰缝。多年以来，融合了装饰元素的颈链与硬项链是其中最具代表性的作品。这些项链运用了各种宝石，从钻石、硕大祖母绿到蓝宝石，通常采用圆柱形切割或凸圆形彩色宝石进行镶嵌（如图7-28所示）。1980年，宝格丽创造了一种高级珠宝从未使用过的宝石镶嵌方式，采用彩色丝罗缎，它色彩缤纷，能与各式穿着搭配。

图7-28　凸型祖母绿宝石

然而，20世纪90年代的珠宝则是色彩与图案的完美结合，尤其体现在项链的设计上，其结构不再那么紧凑。20世纪80年代的硬颈圈被呈扇形散开的钻石流苏取代，而黄金仍是首选材质。

当时，珠宝系列的灵感主要源于大自然以及非比寻常的材质。例如Naturalia系列，它将宝石雕琢成类似鱼或贝壳的独特形状，借以歌颂大自然。采用白色瓷釉的Chandra系列融合球形和曲线元素，采用浮雕设计，搭配黄金及亮色珍贵宝石，打造出各种稀世珍宝——项链、耳环、手镯和戒指。

（五）21世纪的顶级珠宝

新世纪见证了宝格丽设计风格翻天覆地的变化。品牌风格从20世纪80年代初厚重浑圆的形状与黄金材质，变为20世纪90年代末趋于平面化的设计。宝格丽的新风格重归白金与铂金，精巧灵动的透雕图案进一步映射出当代设计潮流对铬黄色金属的钟情。

最先体现这一特点的当属2001年问世的Lucea系列，它呈现出线性造型与平面感。该系列的每款作品都由数个小方形与圆形（通常是镶满宝石的）组合而成，最终构成了一款灵巧、缜密而又珍贵的“织物”。

21世纪，宝格丽在自己灵巧的作品中依然践行着对传统材质与技艺的忠诚：采用凸圆形宝石和黄金，低调又便于佩戴的贵重宝石，对蓝宝石的钟爱，以及最重要的，大胆创新地采用各类透明或非透明宝石，创造出悦人心目的缤纷色彩。正是它们塑造了宝格丽的标志性风格。

三、宝格丽珠宝设计灵魂

时尚界从来不乏奇思妙想的创意。动物，历来都是时尚界的宠儿，尤其是灼灼闪光的珠宝，总是与动物有着密切的联系。如卡地亚的猎豹、梵克雅宝的蝴蝶、宝格丽的蛇等几乎成为品牌设计的灵魂。那么被融入到宝格丽品牌灵魂的蛇图腾又有着怎样的历史溯源和深意呢？

追溯至古埃及神话中很多女神都是以蛇身的形象出现；在英国，蛇是维多利亚女王的护身符，象征着智慧和光辉；在中国历史神话中，蛇被赋予了美好的形象，上古神话中第一个以母性光辉出现的女神，我们熟知的女娲便是人头蛇身的形象。而在希腊神话中蛇从开始就扮演着象征生命的重要角色。

希腊神话中将Asclepius尊为医疗之神，其代表符号是具有两条蛇相盘绕的杖。因为人们相信蛇的蜕皮象征着重生、繁衍、疗愈、永恒以及地底深处所释放的力量。正是由于拥有了如此神秘的力量，这一古老的神秘图腾始终具有神秘魅惑力量。同时，随着埃及Isis文化传播至罗马帝国，蛇的象征开始成为珠宝设计的重要灵感来源，螺旋的金手环、饰有宝石或玻璃砂制成的鳞片和眼睛的作品开始渐渐出现。而宝格丽抓住了蛇的精髓，运用到腕表和珠宝当中并最终呈现出精美绝伦的艺术杰作。

20世纪40年代末，宝格丽第一款Serpenti 蛇形腕表问世（如图7-29所示），精巧拟真的蛇头和蛇尾以钻石镶嵌，蛇身则以手工层层环绕成为具伸缩延展性的管状设计，金匠所需多年纯熟工艺才能打造出如此独特的作品。从此，宝格丽在高级制表领域开辟了一条坦途。时光荏苒，时尚的经典却能悠然超越岁月羁绊，得以永恒流传。自20世纪40年代末以来，历经60多年无穷演变的工艺，在结合了多彩的瓷釉和贵重的钻石、黄金级彩色宝石，“蛇形”已经成为自远古时代以来珠宝和腕表世界的恒久主题。宝格丽Serpenti系列也一直在突破中演绎着经典的“灵蛇”之美。

在20世纪60年代，宝格丽以写实风格推出蛇形表款。这一时期的宝格丽蛇形表款将表壳隐藏于蛇头下，蛇头的中上部分设有金属扣盖，揭开即可观看表盘。表身更经过精心打造，融汇众多设计元素：每片鳞片均以金片手工制作，并以焊金轴一一相连；珐琅款则以螺丝一一闩紧。中央穿入白金质的弹簧片，以确保完善的灵活性。18K黄金女士Tubogas手镯腕表，创作于1960年，机械机芯，小时及分钟显示，长方形黄金表壳，黑色棒状刻度及指针，三环金质Tubogas手镯。三色金Tubogas腕表，创作于1965年三环Tubogas手镯，一端为梨形表壳，金质表盘，黑色及金色棒状刻度与指针。20世纪60年代采用黄金材质的特别款如图7-30所示。

1970年后，宝格丽首度推出的极具风格的蛇形腕表，采用了宝格丽品牌经典的Tubogas设计，以金网环绕手腕，展示独特风范（如图7-31所示）。它的一端通常设有为正方形或长方形的表壳和表盘，表现蛇的头部。圆形、正方形、八边形、梨形、枕形，以及设钻石底座或无钻石底座的款样。表盘位于采用Tubogas设计的手环一端或中间，而仅仅手环部分亦能显出多种搭配变化：不锈钢、黑色不锈钢或结合黄金与不锈钢。

图7-29　Serpenti 蛇形腕表

图7-30　黄金材质的特别款

图7-31　1970年后首度推出的极具风格的蛇形腕表

后现代，Serpenti系列以当代创新的语言重释古老传统，每款产品均传承和象征着宝格丽的荣耀设计风范——在超过一个世纪历史中展演着艺术之美与无上价值。宝格丽Serpenti系列（如图7-32）明确表露出对品牌传统的最忠，展现对品牌传承的敬意，以及发祥自神话和历史的灵感。流转、萦绕、任曲线延绵，Serpenti系列中展露出或简或繁的盘绕款式，单圈、双圈，抑或三圈，更具姿采。加以精美无瑕的制作技艺，令宝格丽的传世风格与摩登线条被艺术化的设计语言所表达。

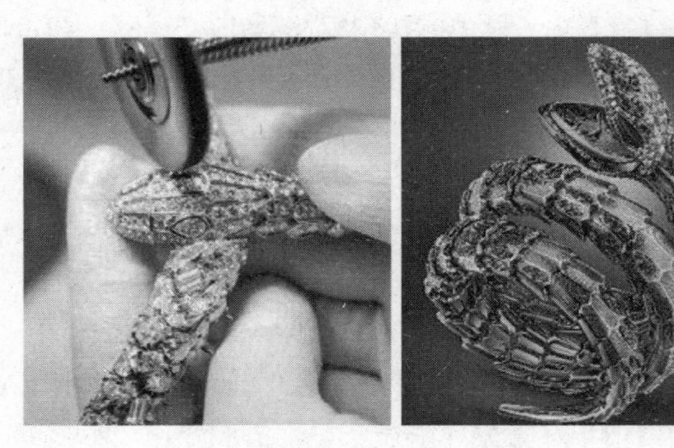

图7-32　Serpenti系列

四、宝格丽设计主题

（一）浪漫钻石

宝格丽隆重呈献最新高级珠宝系列Italian Gardens 意大利花园（图7-33、图7-34），由100件精品组成，灵感来自庭园艺术——意大利文艺复兴风格的花卉之美。正因宝格丽珠宝家族源出罗马，此一新系列堪称宝格丽艺术家与艺匠之专业精髓，设计布局可谓集庭园艺术之大成：篱笆与花床交织的几何线条之美，早曾见于Sparkling Hearts项链系列，如今加上切割精巧的钻石，为这文艺复兴风格的设计更添浪漫。

意大利花园的艺术在文艺复兴时期萌芽。当时，拉斐尔、米开朗基罗等建筑师、画家、雕刻大师，经由人文传统追溯，勾画出古代文化风貌，重新审视大自然与艺术，进而再次探索美感的意义及新思路。不过，艺术与大自然之间最具创意、最令人心动的关系，毕竟是从宫殿与庄园的花圃才体现了出来：譬如梵蒂冈的Belvedere广场，以及Tivoli的Villa d'Este庄园、Bagnaia的Villa Lante别墅、佛罗伦萨的Boboli Gardens花园，俱为明证。文艺复兴时期的建筑师超越了传统，摒弃了对大自然的简化模仿，重新廓清了自然界美感的轮廓，为其赋予形体，以至于最后转化为出自人类的艺术成果。

图7-33　宝格丽意大利花园系列

艺术，如同其他所有艺术形式，都是从视觉冲击而起；知识有赖岁月积累，技术则是因不断变化的挑战而激发创意。意大利花园的艺术涵盖了上述全部，但与大自然之间仍不断亲密交谈，有时候用上了方圆规矩，有时候却又犹疑不敢越界；因为越界深入有其风险，或许偷走大自然的美丽，要不亵渎了她的权力，或毁坏了她的神秘。宝格丽设计师眼界甚高，正如文艺复兴时期的伟大建筑师，不把大自然视为复制的对象或模型，而是不断与艺术互动的解语花；大自然有如灵感之泉，是美感的根本，美感的泉源，可以用前所未见的形体或设计重新呈现。同时，大自然也是珍贵的原材料，须有知识与敬畏，才能将大自然转化为艺术作品。

图7-34　意大利花园系列

意大利花园系列虽出自人为，却运用了大自然的气韵与形体，正如泉水从喷泉溅射而出，引来凝视与叹赏；或如花卉，看似纤弱，却色泽饱满；或如雕像、洞穴、水道、绿色枝叶、花彩装饰，加上景观怡人的露台，最后，说不定还蹦出几个精灵妖女。

宝格丽珠宝得以问世，源自于大自然与艺术之间的永恒对话：大自然，体现在贵重宝石和金银，也体现在其所散发的美丽及其所施展的魅惑；而艺术，则在宝石专家、设计师、匠师之间来回酝酿。从而，宝石等原材料融合成为一件件气质独一无二的珠宝，映衬着大自然，这便是艺术最纯粹的形式。

图7-35　Trombino戒指

（二）奢华钻石

品牌第二代继承人乔治奥·宝格丽（Giorgio Bulgari）将铂金、钻石及法式“装饰艺术”（Art Deco）风格带入宝格丽：线条流畅的铂金耳环；汲取自然主义灵感装饰元素的玫瑰形状的钻石胸针；带有希腊方形回纹装饰，并镶有祖母绿、缟玛瑙及钻石的铂金手链等。20世纪30年代创造的“特伦比诺”（Trombino）戒指（如图7-35所示），是宝格丽在1930年间其中一项最巨大和持久的成就。

图7-36　1961年创制的铂金项链

1961年创制的铂金项链（如图7-36所示），镶嵌珍贵的祖母绿和钻石，名为“七大奇观”（The Seven Wonders），所指的就是七颗巨大的哥伦比亚圆形祖母绿，总重118.46克拉，并以马眼形的钻石及明亮形钻石围绕。其完美的色彩、清澈度和切割工艺，堪称为极罕见祖母绿的惊世之作。大多数20世纪50年代～60年代的高级珠宝均追随巴黎的品味，大量使用珍贵宝石，以钻石的白色搭配另一种颜色：红宝石（如图7-37所示）、祖母绿或蓝宝石，但后两者不会同时出现。

图7-37　以红宝石和钻石镶嵌而成的胸针、耳环及手链

（三）优雅个性钻

颤动胸针约（如图7-38所示）创于20世纪60年代，包含开花枝条和花束。由于花冠镶嵌在弹簧上，只要轻轻移动，即会颤动让人产生无限联想，使线条充满活力又不失女性典雅。

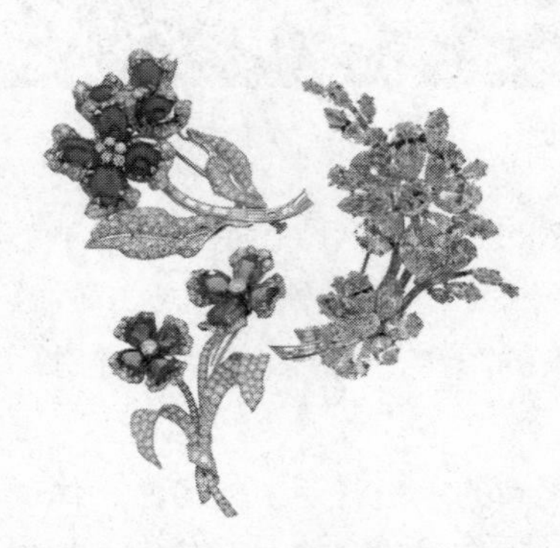

图7-38　颤动胸针

宝格丽推出专为出众女性设计的全新腕表系列——Piccola Lvcea系列（图7-39），无不

体现品牌悠久的意大利文化底蕴，个性鲜明的创造性设计与极致优雅的特质，在2016年的新作上得到完美体现。新款腕表设计更加精致，表盘直径更小，满足许多女性对小表盘的需求。

图7-39　Piccola Lvcea系列腕表

（四）可爱童真钻

每个人都拥有一段童年，就像一个五彩斑斓的梦，使人留恋，使人向往。数颗美钻聚集，细数童年的点点滴滴，在形态与设计上相结合，美轮美奂。一直以来，憨态可掬的小熊都深受人们喜爱。如今，不管是中国国宝熊猫还是澳洲“睡神”考拉，亦或是粉丝遍布全球的泰迪熊都在珠宝设计师的手中披上了闪耀的钻石或宝石，化身为戒指、吊坠项链、耳环、手链。希望这些可爱精致的小熊珠宝，能够激起你的情感共鸣，唤起我们美好童年的记忆（图7-40）。

图7-40　可爱童真钻

（五）复古风情钻

彩色宝石的高饱和度色彩经过镂空、流苏链接、浮雕等工艺的镶嵌，复古味十足，也带有民族和异域的风情。VOGUE时尚网甄选了若干款此类的复古耳饰。在宝格丽罗马电影艺术珠宝展上，在2016年宝格丽罗马电影艺术珠宝展上，展出

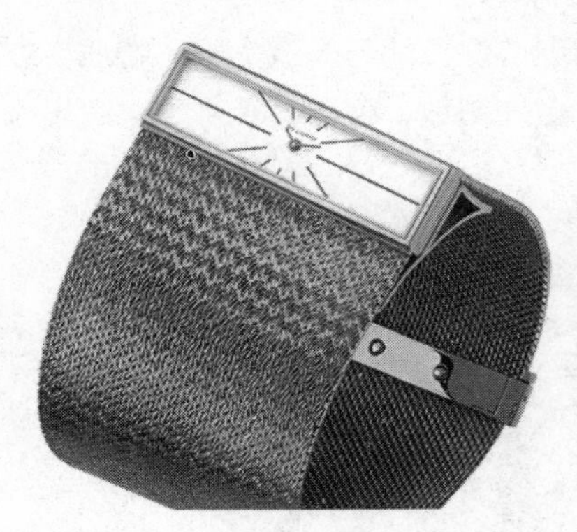

图7-41　宝格丽古董黄金腕表

一款创作于1975年的宝格丽古董黄金腕表（如图7-41所示），复古感浓郁，尽显高贵奢华。长方形的纯白表盘搭配黄金质感的表链，别出心裁的设计、优雅迷人的曲线，历经岁月而愈显珍贵华丽。

设计师总是需要有很多的想法与灵感，无论这些想法与灵感来自哪里，如宝格丽推出的Monete系列，它的灵感就来自古代希腊罗马刻有头像的古币。当古币元素的珠宝，搭配一身金属色彩，展现的一种复古的味道，有时候只是简单配上项链，就已经足够为造型加分了。其实古币与珠宝的搭配，已经是希腊罗马悠久的历史传统，而宝格丽就以在意大利文中意指硬币的“Monete”一词，命名为全新推出的珠宝系列，通过以贴近肤色的玫瑰金，配衬炭黑色的头像古币，在故有的古典味道之上添加轻柔的高贵魅力，但简约的轮廓与设计风格，能够轻易搭配时尚造型，韵味优雅。

五、宝格丽Serpenti制作工艺揭秘

宝格丽Serpenti系列顶级珠宝手镯的制作技艺与宝格丽传统珠宝系列一脉相承，均采用贵金属结构，以失蜡法手工铸造。此系列的贵金属材质选用了玫瑰金与白金，蛇身组件和精致蛇头均饰以密镶钻。将分别铸造完成的两枚组件相互焊接，构成Serpenti优雅华贵蛇形手镯的头部。

蛇形手镯的主要部分是由一系列小零件组成的，看上去就像蛇的天然鳞片。每个组件的侧面和底部均为镂空设计，在镶嵌钻石后仍能保证光线通透中央，凸显美妙的嵌工。不同宽高的鳞片向侧面逐渐缩小，体积亦经过缜密计算，凸显整体设计感与蛇的蜿蜒动态，从而为每件单品赋以独有的生命力。

蛇身每个鳞片皆通过铰链相互衔接。最终，衔接诸组件的金质铰链巧妙消失于视线之外。装配步骤，蛇身鳞片上间以粉色珊瑚，亦嵌入明亮式切割的钻石。此款优雅精致的白金款手镯中，蛇头以长方形切割钻石工艺表现作品的现代感，当属宝格丽顶级珠宝的绝佳典范。

每款Serpenti手镯内部都蕴含白金材质的双环弹簧，令手镯灵动非凡。预先衔接的鳞片逐一贯穿于弹簧之上，以形成蛇身。随即，再连接蛇形手镯的头部和尾部。手镯中的蛇身鳞片间或点缀了密镶钻与粉色珊瑚。

第五节　梵克雅宝珠宝首饰设计风格

一、梵克雅宝设计主题

梵克雅宝（VanCleef & Arpels）的故事开始于一段美好的姻缘。19世纪末，艾斯特尔·雅宝（Estelle Arpels）和阿尔弗莱德·梵克（Alfred Van Cleef）两人的婚姻促成了梵克雅宝于1906年的诞生。那一年，他们在法国凡顿广场22号设立了梵克雅宝的第一家精品店（如图7-42所示）。从此，梵克雅宝坚持采用上乘宝石和材质，加以精湛的镶嵌技艺、匠心独具的理念，成就了其不朽的百年传奇。

图7-42　Estelle Arpels和Alfred Van Cleef

（一）大自然主题

梵克雅宝的设计灵感大多源自于对生活哲学的独到感悟。其中大自然、永恒、爱、异国风情、多种艺术门类融合是梵克雅宝珠宝创作灵感中最具代表性的五大主题，贯穿于各系列作品之始终，并蕴含丰富的象征意味。

大自然是梵克雅宝的创作宝库，并赋予其鲜活的力量和极致的精巧。不论是色彩缤纷的花卉、拥有闪亮翅膀的蜻蜓或蝴蝶、栩栩如生的飞鸟或昆虫，悸动的生命诱发着无穷的想象力，捕捉着自然界美妙旺盛的生命力。

加州启发了一代又一代艺术家的灵感，让他们懂得如何悠闲地享受生活。20世纪六七十年代，正是由于受到这种美式生活方式的影响，梵克雅宝创作了众多大胆、色彩夸张的作品。加州梦境系列重现了那个时期的设计风貌。它从加州的明媚风光里汲取无尽灵感，如同美国西海岸之旅，沉浮于现实与幻想之间。这种如梦幻般的自然景象孕育出了独特的多彩宝石。它们是对美国、对情感和对加州美好感受的赞颂。2011年推出的加州梦境（California Dreaming）系列珠宝（图7-43 ~图7-45），灵感源自于加州的生物多样性与独特的动植物。

火烈鸟（Flamingo）胸针采用枕形切割橘色石榴石、粉红色蓝宝石、缟玛瑙和钻石镶嵌而成（如图7-46所示）。其象征着真爱，玛瑙则代表丹心，始终不离不弃。多种材质的珠宝配搭展现了梵克雅宝的设计师深谙各类宝石的属性，并对其审美及造型有独特的领悟和创新。梵克雅宝用珠宝反映自然却又非生搬自然，例如玫瑰总是不带刺，小鸟都是没有爪子的，设计是为了保留生命中最美好的部分（图7-47）。

图7-43　加州梦境（California Dreaming）系列珠宝

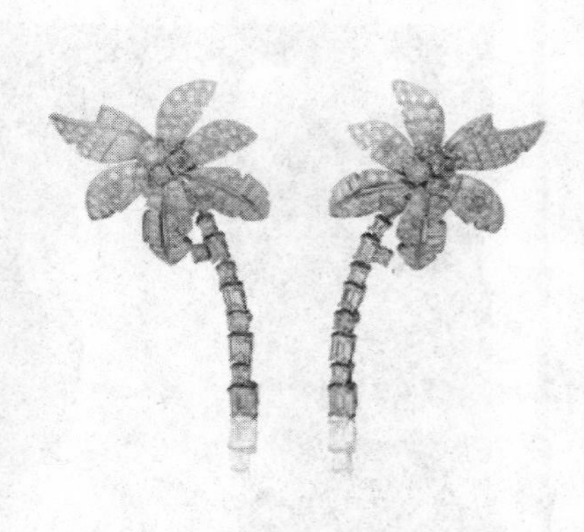

图7-44　West Coast Cove耳环

图7-45　Costa's Colibri胸针

图7-46　Flamingo胸针

图7-47　Colibri Berylline胸针

（二）异国情调主题

梵克雅宝以异国情调为灵感主题，尊重传统经验的传承、憧憬美好事物以及探求和谐均衡的精神，在作品中吸收了各国文化之精髓。

亚洲花园系列（图7-48）珠宝流淌着禅意与和谐的美感，并通过小型自然环境重塑出“有容乃大”的空间拓展，打造出隽永、空灵的幻妙意境。Les Jardins花园高级珠宝系列借鉴观赏园艺艺术，重现了给予梵克雅宝无限灵感的自然界。该系列的珠宝主题并非自然本身，而是经由人类智慧改造的理想化的自然。园艺是人类观看世界的方式，因此该系列包含了世间四种伟大的哲学理念。

东方园林的理想境界是在微观世界中重现自然的和谐，而法式园林严格遵循几何学原理，主张理性压倒自然。意大利文艺复兴时期的人们将房屋置于中心位置，园林不过是房屋的延伸，而英式园林则融入四周，成为自然风光的一部分。

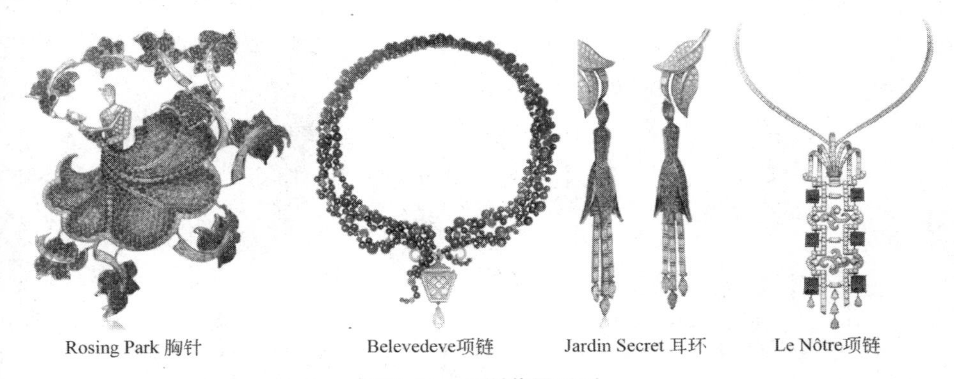

图7-48　亚洲花园系列

上述这些珠宝首饰均属于亚洲花园的系列，其中不少珠宝作品都受到Poliphilo《寻爱绮梦》（Strife of Love in a Dream）的启发。这部15世纪的意大利爱情小说对16世纪、17世纪的艺术与园艺观产生了巨大影响。梵克雅宝将这些浪漫场景幻化为令人屏息的精美珠宝。

日本金阁与樱花的精致与哀婉、苏式园林中静谧荷塘的禅意与空灵将东方文化中的含蓄蕴藉之美展露无遗。此外，从18世纪末、19世纪初新艺术运动直到今日，梵克雅宝对中国、日本等异国情调的热衷，始终兴盛不衰。2006年设计的一款翡翠钻石白金项链其圆形的造型相当于中国古代象形文字中“太阳”的字形，其形式与中国古钱币之形如出一辙，赋予美好含义。另外，扁平的圆形在中间留空，象征“碧”，即是中国星相天文中代表着太阳和星星在天空运动中的轨迹。在当今全球化进程加剧的过程中，精致简洁、中西合璧的设计为民族文化间的交融与创新提供了可行性依据。

梵克雅宝的设计理念汇聚了两种永恒，一种是将转瞬即逝的事物以珠宝方式呈现出来，以珠宝的固态形式和收藏属性来表达永久。如雪花主题的玉髓与白金镶嵌耳饰，其光泽形态表达了雪花即将融化的瞬间美感。在设计师心中一颗雪花或一滴水因无法保存而更显珍贵，借其形态镶嵌在首饰上则能永久保存。另一种永恒则是以哲学上的无形、思想上的传承来表现历史文化的深度。1922 年英国考古学家霍华德·卡特与卡纳文爵士揭开了图坦卡门法老陵墓的神秘面纱，使得当时欧洲人对金字塔王国的向往蔚然成风。

1924 年设计的“埃及”手镯，利用拱形祖母绿、蓝宝石、红宝石、钻石及缟玛瑙等珍贵材质，细致地勾勒出一个埃及太阳神女儿玛特的形象。20 世纪 70 年代其墓室藏品在大都会美术馆巡回展览，该题材被设计师再次应用。梵克雅宝的设计师曾这样诠释其品牌信仰：“时间或许是易逝的，但我们所处的这个世界却是坚定不移地重演着往事和历史。这是关于忠诚的问题，是对祖先遗产及其价值的敬仰和尊重。”梵克雅宝以该手镯为载体，展现历史传承的持久。同时也体现了在设计发展史中，珠宝的独特定义——人类发明珠宝目的，是保护人们免受争斗伤害。从古到今的陵墓里，男女埋葬时不乏武器和珠宝的陪葬品，因为珠宝除了装饰功能外，还具有保护意义，一个手链就是一个小小的盾。除了“永恒”之外，“爱”和“生命”也以独特的视角展现了。

（三）传奇舞会主题

2009年是伟大的新古典主义芭蕾编舞大师巴兰钦（George Balanchine）以梵克雅宝的舞蹈珠宝为灵感创作的芭蕾舞剧《珠宝Jewels》诞生的第四十一个年头。梵克雅宝以总值近4亿元人民币的瑰丽珍宝——Ballet Précieux系列高级珠宝亮相中国，邀芭蕾名伶谭元元再续巴兰钦的珠宝梦。

梵克雅宝开始创作Ballerina芭蕾舞伶胸针系列，旨在颂扬舞者轻盈曼妙的舞姿。1967年克罗迪·雅宝与编舞大师乔治·巴兰钦（George Balanchine）合作，创作出三幕芭蕾舞剧与Ballet Précieux 高级珠宝系列，透过柔美的曲线，用璀璨的宝石诗意重现了优雅完美结合的芭蕾艺术，成就了梵克雅宝与各类艺术门派的融合之美。Opera Ballerina芭蕾舞娘胸针由白金和玫瑰金镶嵌粉色蓝宝石和圆钻制成，看起来仿佛是芭蕾舞者穿上镶满钻石的舞裙，摇曳起舞（图7-49）。

20世纪的盛大舞会是当时上流社会奢华生活方式的一种艺术表现。各种奢华舞会以高雅文化和欢庆主题为名，令前来参加的社会名流享受独一无二的尊荣。梵克雅宝流光溢彩的作品也时常出现在舞会宾客的华衣美服上，成为这些盛事的忠实见证者。

图7-49　梵克雅宝典藏传奇舞会系列

二、梵克雅宝设计造型风格

梵克雅宝的珠宝设计风格既有时代精神的特质，同时又不乏精致的创意。20世纪初装饰主义运动澎湃的创作热潮中，梵克雅宝一方面保持了轻巧玲珑、细致、考究的品牌特征，同时也兼顾了简洁线条、几何图案、粗犷断续的节奏等美学选择。结构主义艺术甚至维也纳工坊所推崇的抽象图案风格，也是梵克雅宝汲取的设计精髓。其珠宝首饰就像宝石交织而成的花边一样错综复杂，却刻意避免19世纪20年代装饰艺术经常出现的厚重迟钝。交缠花饰和在1925年获得国际装饰艺术展大奖的Deux Fleurs双花别针则完全脱离了装饰艺术的桎梏，主要采用抽象的几何图形，线条流畅随性，有中国山水画的意境。正如名家程抱一所说的："线条如果太浓稠，就会造成风格的窒息。"梵克雅宝则通过线条的变动将感性与想象力得以舒展。

在造型上，梵克雅宝珠宝多以轻巧、明朗、镂空、可变动、不对称的造型风格呈现出来，并善用灵动的曲线和虚实镶嵌结合的方式，表现首饰的生动。小仙子胸针中翻翘的裙摆，密实的红宝石嵌满了裙身，而翅膀却只以曲线勾边，镂空处既体现了仙子的轻盈，同时又在宝石的色彩上、镶嵌方式上、翅膀与裙子的造型上，通过虚实对比产生立体效果，赋予珠宝以灵动的生命。此外，梵克雅宝精于巧妙的转换艺术，不拘泥于传统首饰的造型。无封闭式结构的各类项链、戒指以及开合的装置，赋予珠宝更多形式。莲花Lotus 指间戒以花束于三指之间做点缀并带有巧妙的开合装置，可戴于一指或两指之上，既可以是指根也可以是指中，既丰富了佩戴方式，同时将花卉的立体感和被折断的瞬间动感轻盈地表现出来。花卉项链在中心设有开花瓣的机关，改变了传统首饰单一的穿戴造型。

三、梵克雅宝设计功能

注重实用性是梵克雅宝珠宝设计中不可或缺的设计理念。可分为配搭多样性和增添附加功能两个方面。首先，配搭多样性指包含了首饰的可拆卸性，一件作品变成多种首饰后拓宽了佩戴场合。如1938年发明的Passe-Partout系列首饰由一条蛇形项链、几个搭扣和一个夹子组成，可以随意朝不同方向扭转。珠宝可以按照佩戴者选择的方式拆解或变化，变成手链、项链、别针或腰带饰物。梵克雅宝将珠宝个人化，随性所欲地自由使用，表现了当时社会风气的演进，也体现了以人为本的设计文化。

又如具有可转换式设计的鸟形吊坠，除了配搭项链外，双翼可以变成两只耳环，鸟尾可以变成一枚小型胸针。鸟嘴里衔着一颗以收藏家名字命名的95克拉的“Waiska”大黄钻。鸟的身体为蓝宝石，设计于1971年。另外，同一首饰的多种用途也是配搭多样性的具体体现。

梵克雅宝的珠宝产品不仅限于首饰，早在20世纪20年代，梵克雅宝把腕表幻化为显示时间的珠宝。其腕表不但如珠宝般高贵奢华、富有诗意，既可以当手镯佩戴，同时，还具备除显示时间外的多种功能。如巴黎子夜（Midnight in Paris）腕表，表盘上的星象随着星空实际的推移而变换。无论是日式樱花的唯美优雅或是西方名著《仲夏夜之梦》的仙子，手表完美诠释了设计师的独特创意和工艺师精湛的技艺，集功能、艺术、文化、科技四者于一体，突破珠宝作品的设计局限。

四、梵克雅宝与时装结合

在梵克雅宝多样的设计中，将珠宝与时装结合是其一抹亮色。由于高级时装总是随着流行趋势的转变推陈出新，而珠宝却有收藏的属性，因此通过珠宝展现时装，能够将这种短暂、稍纵即逝的时光永恒保存。

梵克雅宝曾提出“把布料变成珠宝，珠宝变成布料”的设计理念。梵克雅宝紧贴纺织和时装潮流，把珍贵物质视如布料般编织；把金属像纤维般扭动，编出结饰、织纹图案、绳索、吊坠、流苏、蕾丝、拉链等装饰小品，更凸显高级女装的华贵之气。高级定制时装一直是梵克雅宝的灵感之源（图7-50）。多年以来，梵克雅宝设计的晚宴包已成为精致的配饰，例如Minaudière®百宝匣、以钻石别针装饰的帽子，以及用金属打造的如柔软布料一般的珠宝作品。梵克雅宝特别以此系列高级珠宝向独特的高级定制时装艺术致敬，对工艺为完美优雅服务的理念加以瑰丽诠释。

图7-50　梵克雅宝与时装结合

这枚1945年创作的蝴蝶结胸针（图7-51）虽然由坚硬无比的黄金制成，然而通过比例、造型、光线的设计，在视错觉效果的魔法下，产生如金丝缎带般的柔和质地，再附上轻盈的镂空黄金蕾丝和钻石小花，与高级时装的精致奢华交相辉映。

图7-51　蝴蝶结胸针

此外，“Boutonniere纽扣”及“Zip拉链”系列，则更写实地点出了以服装为意念的主轴。以不同切割钻石的拼组，将钻石如穿绣手法串联于贵金属丝线上，灵感来自女人胸衣上的绑带花边。拉链项链的创作灵感则来自于日常生活。早期，拉链只应用于飞行员夹克与水手制服上，自20世纪30年代定制服装风潮兴起，拉链逐渐取代纽扣成为常用的配件，并为人所喜爱。1951年，温莎公爵夫人希望拥有一件拉链造型、镶嵌梯形切割钻石的珠宝搭配礼服，Zip拉链项链由此诞生（图7-52）。这款如真拉链般自由滑动的项链，打开时是一条项链，经拆除部分配件再把拉链密合便成为手镯，这个精密的设计大大超出了一般拉链的功能细节，并通过巧妙设计克服了钻石互相摩擦的困难，成为了梵克雅宝又一传世之作。

图7-52　温莎公爵夫人定制

Zip拉链项链设计草图

服装与珠宝作为最经典的服饰搭配，在时尚舞台上长盛不衰。多年来梵克雅宝支持时装设计师创作，并倾力为珠宝和时装搭建桥梁。从MadelEine Vionnet到Elsa Schiaparelli，Patou，Givenchy，Viktor&Rolf，Lanvin设计师Alber Elbaz，世界各大高端时装品牌秀场上无不洋溢着梵克雅宝珠宝的璀璨芳华。高级定制服不仅激发了梵克雅宝品牌丰富的创造力，也将珠宝的生命穿插至金属丝线、模拟棉布、蕾丝或硬纱的透明质感中去，从而完成了与时装的完美融合。

五、梵克雅宝跨界设计

跨界设计是梵克雅宝作为世界顶级珠宝品牌不可撼动的设计秘诀。化妆箱、百宝匣、艺术摆件、香水、腕表、发带、电源接口……一件件毫无关联的产品通过梵克雅宝的设计，都成为了珠宝的各式各样的载体。它的旗下拥有诸多享誉盛名的婚钻、高级腕表、香水等，拥有丰富的产品链和完善的设计、制造、品牌影响力建设体系，并且对产品内在文化把握得精准到位。各类跨界产品提高了品牌的层次和高度，提升了珠宝艺术的内涵。

（一）艺术摆件

如Varuna of New York帆船的微缩模型（图7-53）约于1907年制作，为纪念该船的资深驾驶员Eugene Higgins先生。这件几可乱真的艺术品除了用金、银、珐琅等材质外，还加入了西方首饰界极少用的碧玉和黑檀木，使此件作品更弥足珍贵。另外，这件案头摆设原来备有管家召唤铃的电源接口。

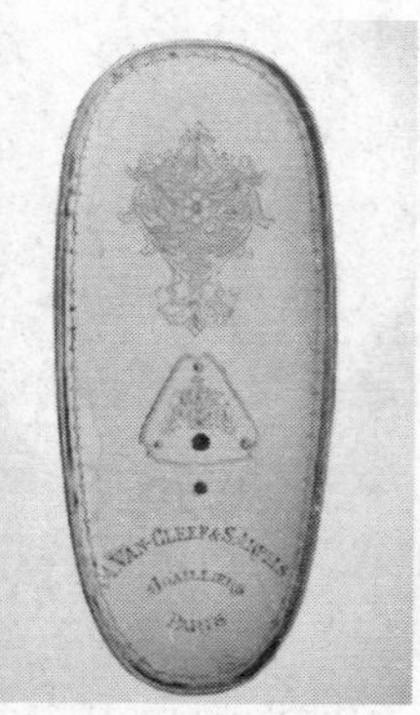

图7-53　Varuna船钟

（二）百宝匣

20世纪20年代，化妆箱是优雅淑女的随身配饰之一。化妆箱内藏镜子、粉盒和其他妆点女士花容的工具。1926年制的装饰盒流露出装饰艺术（Art Deco）风格，反映自然主义的美学。为捕捉自然界流动和稍纵即逝的景象，用不对称设计营造川流不息的动感。装饰盒镶嵌淡紫色玉石，饰以由玫瑰切割钻石、绿宝石、红宝石及水滴形黄色蓝宝石，边缘由嵌入的黑色和蓝色珐琅勾勒，镶嵌底座以黄金和铂金铸造。

Minaudière® 百宝匣（图7-54）集优雅与精巧于一身，体现了女性魅力的精髓。在“咆哮的二十年代”，女士们开始将美妆用品都装在一只化妆盒里。有一次，查尔斯·雅宝（Charles Arpels）在拜访社交名媛佛罗伦斯·杰·古尔德（Florence Jay Gould）时，惊讶地发现她把口红、粉盒、香烟和打火机一股脑儿塞进一只好彩香烟盒里。创作Minaudière® 百宝匣的灵感便由此诞生。它得名于阿尔弗莱德·梵克（Alfred Van Cleef）的妻子Estelle开朗妩媚的气质。

Minaudière® 百宝匣为每位优雅淑女提供收纳各类随身小物的空间——化妆品、梳子、镜子、邀舞卡、烟嘴乃至伸缩式手表——全部可以置放在此奢华的手袋中。Minaudière® 百宝匣已经成为Van Cleef & Arpels梵克雅宝的代表创作之一。例如拥有光滑的黑漆表面和钻石搭扣的Volutes系列（1935年）和白金、钻石祖母绿、蓝宝石镶饰的精美Haliades系列（图7-55）。

图7-54　Minaudière® 百宝匣

图7-55　Minaudière® 百宝匣内部

（三）香水

梵克雅宝梦幻精灵淡香精（Van Cleef & Arpels Feerie Eau de Parfum），是于2009年末推出的一款华丽纯香精。保加利亚玫瑰以及玫瑰精华被丝绒般的玫瑰花瓣包围着，带出绚烂而欢乐的气息；轻柔的埃及茉莉散发感性的气息，紫罗兰香调展示着时尚、柔媚，是令人垂涎的花香。最后，来自佛罗伦萨的鸢尾花照亮了香水的基调。它的优雅气息，与珍贵的海地香根草精彩结合，留下绵延不散的香气。

梦幻精灵香水灵感完全来自梵克雅宝的梦幻世界，Féerie梦幻精灵香水光彩照人，体现与高级珠宝的不解之缘。一样梦幻而充满诗意，一样极致尊贵。Féerie令人神往，将我们带入非比寻常的世界，那里满天繁星，蝴蝶翩翩起舞，充满梦幻色彩（图7-56）。

图7-56　梦幻精灵香水

Rêve香水揭示了一个充满柔美与优雅的世界，其灵感源自迷人的大自然、充满仙子的伊甸园、蝴蝶作为幸运符号，令你置身于与众不同的世界，精致迷人（如图7-57所示）。

Oriens香水喷雾采用高贵而富有东方风味的材料，尤其是茉莉和琥珀，为了呈现这个来自东方的香调，从华美的马裘黑花园和它的传奇蓝色中汲取灵感，加入水杨酸，赋予它温暖柔和的气息（如图7-58所示）。

图7-57　Rêve香水

图7-58　Oriens香水喷雾

（四）腕表

在梵克雅宝的眼中，时间是诗意的体现。每一季，品牌均致力于捕捉时间稍纵即逝的本质，将它飞扬的神韵凝入如梦似诗的腕表当中，以大胆的设计震撼人心。品牌完美结合精湛制表与珠宝工艺的钟表系列，蕴藏了心动的一刻、屏息以待的激情、一段美好的回忆或是一刻由衷的喜悦，在时针的推移中期待下一个珍贵时刻的来临。

梵克雅宝以全新的腕表系列，再次颂扬这些美妙的时刻：轻灵的Charms腕表随时光的舞步摇曳，而Timeless系列的新颜则宛如为Poetic Complications诗意复杂机械机芯高奏的序曲，时间的流转就像恋人相携漫步般浪漫。1939年，梵克雅宝为强化其国际市场地位，开始进军美国大陆，迅速成为纽约第五大道上流阶层的钟爱。从神秘魅惑的纽约第五大道744号店铺到明媚的加州风景，品牌工匠以卓绝的工艺捕捉花朵的美态、鸟儿展翅飞翔的俪影，将壮丽的美景凝聚于方寸之中。大胆而优雅的风格为梵克雅宝的时间诗篇注入全新创意神采（图7-59）。

图7-59　腕表系列

参考文献

[1] 叶金毅，陆莲莲编著.设计魅力：珠宝首饰设计方略[M].上海：上海科学技术出版社，2015.

[2] 潘焱，李慧梅著.珠宝手绘设计[M].武汉：中国地质大学出版社，2014.

[3] 郭新编著.珠宝首饰设计[M].上海：上海人民美术出版社，2014.

[4] 任进编著.珠宝首饰设计基础[M].武汉：中国地质大学出版社，2011.

[5] [美]阿纳斯塔西亚·扬著.顶级珠宝设计[M].北京：电子工业出版社，2016.

[6] 张代明.珠宝首饰鉴赏[M].昆明：云南科技出版社，2013.

[7] 申柯娅，王昶.珠宝首饰鉴定[M].北京：化学工业出版社，2009.

[8] 宫婷.奢华的玩伴——高级珠宝中的互动设计研究[D].中央美术学院，2011.

[9] 朱瑜燕.欧洲设计理念发展历程及对中国当代珠宝首饰设计的启示[D].中国地质大学，2015.

[10] 杨涵.论珠宝首饰的叙事性和记录性[D].中国地质大学，2014.

[11] 陈彬雨.首饰表面肌理所体现的情感设计研究[J].设计，2015.

[12] 孙仲鸣，张红燕，王嬬霞等.周大福与蒂芙尼珠宝首饰设计风格的对比[J].宝石和宝石学杂志，2015.

[13] 杨梅.美好生活的留念——百年蒂芙尼的品牌文化[J].中外企业文化，2003.

[14] 陈雯雯，王云菲.法国珠宝品牌梵克雅宝的设计文化研究[J].经济研究导刊，2013.

[15] 陈改花.从蒂芙尼首饰探寻艺术设计的元素整合[J].艺术设计，2014.

[16] 张慧丽.百年蒂芙尼的品牌文化[J].企业视角，2004.